AF550242

Clemens Salie

Quanten-physik leicht gemacht

Alle Ratschläge in diesem Buch wurden vom Autor und vom Verlag sorgfältig erwogen und geprüft. Eine Garantie kann dennoch nicht übernommen werden. Eine Haftung des Autors beziehungsweise des Verlags für jegliche Personen-, Sach- und Vermögensschäden ist daher ausgeschlossen.

Email: info@edition-lunerion.de
www.edition-lunerion.de

Psiana eCom UG
Berumer Str. 44
26844 Jemgum

INHALT

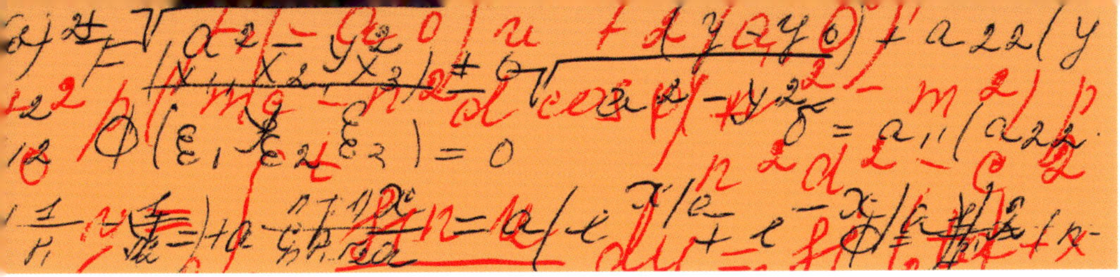

VORWORT

Viele Menschen schlagen, wenn sie den Begriff „Quantenphysik" hören, die Hände über dem Kopf zusammen und kapitulieren bereits, bevor sie auch nur ein einziges Wort über das Thema gelesen haben. Andere beginnen, sich einzulesen, doch wenn es an die Widersprüche der Quantenphysik mit dem gesunden Menschenverstand geht, sind auch sie aus dem Thema raus.

Wer bei dem Thema sein logisches Empfinden ausschalten kann, hat klare Vorteile gegenüber dem, der strikt an den Gesetzen der Natur festhält. Denn hier geht es um Theorien, bei denen sich Objekte an mehreren Orten zugleich aufhalten oder eine Katze zur gleichen Zeit tot, aber auch lebendig sein kann.

Gehen Sie auf die Reise in eine dem normalen Menschen unverständliche Welt. Was Sie bisher über die Naturwissenschaften zu wissen glaubten, vergessen Sie am besten ganz schnell und öffnen Ihren Verstand für neue Erfahrungen. Auf die Quantenphysik müssen Sie sich einlassen wollen, einfach, weil sich ihre Schlussfolgerungen dem gesunden Menschenverstand und unseren Erfahrungen aus dem Alltag entziehen. Dennoch sind aber genau diese unwillkürlich erscheinenden Gesetze die, die bestimmen, wie unsere Welt eigentlich funktioniert. Haben Sie viel Spaß beim Hineinschnuppern und bleiben Sie motiviert!

QUANTUM

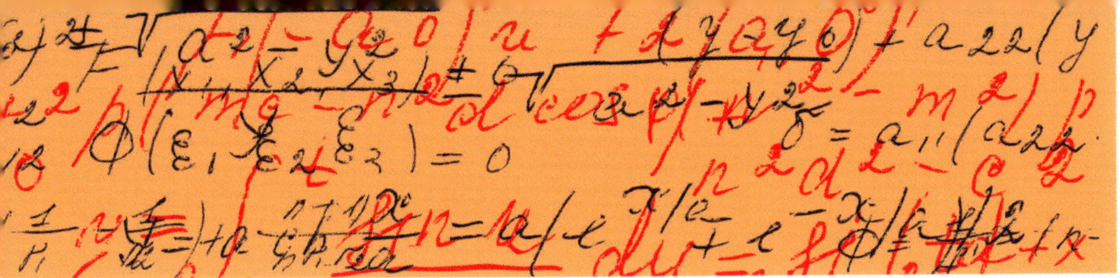

TEIL I: GRUNDLAGENWISSEN

„Wer verstehen will, was die Welt im Innersten zusammen hält, muss etwas über ihre kleinsten Teilchen wissen.“

- Werner Heisenberg (* 1901, † 1976) -

Die Quantenphysik ist ein faszinierender und für viele oft auch mysteriöser Bereich der Physik, der sich mit den kleinsten Bausteinen der Materie befasst. In der Welt der Quantenphysik gelten andere Regeln als jene, die Sie gewohnt sind. Und das ist auch gut so, denn sonst würden die Menschen und die Welt, wie Sie sie kennen, wahrscheinlich nicht existieren. Grundsätzlich lässt sich sagen, dass die Quantenphysik das Verständnis der Naturgesetze verändert hat, da diese in der „Quantenwelt“ nicht gelten.

Die Quantenphysik beschreibt allgemein das Verhalten von Teilchen und Systemen auf kleinster Ebene und führt zu einigen erstaunlichen und manchmal auch paradoxen Phänomenen und Ergebnissen. Die Welt der Quanten ist ein spannendes und komplexes Gebiet, das unser Verständnis der Welt erweitert und zu neuen Technologien und Anwendungen führt – begeben Sie sich also auf die Reise in diese rätselhafte Welt!

Grundlegende Definitionen

Vorab einige wichtige Begriffsdefinitionen, um den Einstieg in die Quantenwelt zu erleichtern. Weitere Definitionen finden Sie innerhalb der Kapitel.

Quanten und Quantisierung: Die Quantisierung gibt vor, dass bestimmte physikalische Größen, wie zum Beispiel Energie, nur in diskreten (= bestimmten) Einheiten existieren können, anstatt kontinuierlich zu variieren. Diese diskreten Einheiten werden als Quanten bezeichnet. Das Wort **„Quanten“** stammt vom lateinischen Wort „quantus“, was „wie viel“ oder „so viel“ bedeutet. Es wurde im späten 19.

Jahrhundert von dem deutschen Physiker Max Planck verwendet, um die diskreten Energiestufen zu beschreiben, auf denen elektromagnetische Strahlung wie Licht beruht. Stellen Sie sich vor, Sie haben einen Korb mit bunten Kugeln. Ein Quant stellt eine einzelne bunte Kugel in diesem Korb dar. Es ist eine Einheit, die nicht in kleinere Teile aufgeteilt werden kann. Das bedeutet, dass Sie entweder eine ganze Kugel haben oder gar keine, es gibt nichts dazwischen. Sie können sich ein Quant also ganz vereinfacht als ein Energiebündel vorstellen.

Durch die Quantisierung, also Aufteilung von Energie in Energiebündel (= Quanten), lassen sich messbare Werte durch mathematische Formeln (also mithilfe der Quantenmechanik) bestimmen, wodurch sich wiederum beispielsweise das Verständnis von Atomen verbessert. Mit der Quantisierung lassen sich daher zum Beispiel die verschiedenen Energieniveaus in einem Atom erklären.

Das Wort „**Quantisierung**" leitet sich vom Begriff „Quantum" ab und bezieht sich auf den Prozess, bei dem eine physikalische Größe in diskrete Werte oder Quanten aufgeteilt wird. Dieser Begriff wurde in der Entwicklung der Quantenmechanik verwendet, um zu beschreiben, wie bestimmte Eigenschaften von Teilchen wie Energie, Drehimpuls und Spin diskrete Werte annehmen können – dazu auch noch mehr im Verlauf dieses Buches. Die „Quantisierung" kann also als eine Regel angesehen werden, die besagt, dass nur eine bestimmte Anzahl von Kugeln im Korb liegen darf. Zum Beispiel könnte die Regel lauten: Sie können immer nur eine, zwei, drei oder vier Kugeln im Korb haben, aber niemals 1,5 oder 3,7 Kugeln.

In der Welt der Quantenphysik gibt es das gleiche Phänomen mit bestimmten Eigenschaften, wie beispielsweise Energie oder Impuls. Sie können nur bestimmte, feste Werte annehmen, so wie die Kugeln im Korb, es gibt keine Zwischenwerte. Das ist das Konzept der Quantisierung.

Dieses einfache Beispiel soll zeigen, dass in der Quantenwelt alles in festen, diskreten Einheiten existiert, ähnlich wie die Kugeln im Korb. Dieses Konzept ist ein wichtiger Teil der Quantenphysik, die die kleinsten Teilchen und ihre Eigenschaften untersucht.

Quantenphysik: Der Begriff bezieht sich allgemein auf das Teilgebiet der Physik, welches sich mit den Gesetzen und Phänomenen auf ***(sub-)atomarer Ebene***, also der kleinstmöglichen Ebene, befasst. Sie beschäftigt sich zum Beispiel mit der Beschreibung von Naturgesetzen auf atomarer und subatomarer Ebene und den Eigenschaften und Wechselwirkungen von Atomen, Photonen und Elektronen. Mit den aufgestellten Theorien, auf die im Verlauf dieses Ratgebers noch näher eingegangen wird, können jedoch auch Vorhersagen über das Verhalten von weitaus größeren Systemen getroffen werden. Beispiele dafür sind die Halbleiter- und Elektroindustrie, der Magnetismus und die Atom- und Molekülphysik. Die Quantenphysik ist eine revolutionäre wissenschaftliche Disziplin der Physik und umfasst verschiedene Teilbereiche wie die Quantenmechanik und die Quantenfeldtheorie.

Quantenmechanik: Die Quantenmechanik ist im Vergleich zur allgemeinen Quantenphysik eine ***mathematische Theorie***. Formeln und Theorien, wie beispielsweise die Boltzmann-Verteilung oder die Heisenbergsche Unschärferelation, wurden entwickelt, um Vorhersagen über den Zustand, den Ort, den Impuls und die Energie von Teilchen zu treffen und zu verstehen. Ein wichtiger Aspekt der Quantenmechanik ist beispielsweise die sogenannte Schrödinger-Gleichung, eine der fundamentalen mathematischen Formeln der Quantenmechanik, die Informationen über das Verhalten von Teilchen liefert. Diese wird im Verlauf des Buches genauer erläutert. Zunächst geht es jedoch mit den Grundlagen weiter, um eine Basis für das Verständnis komplexerer Gleichungen und Theorien zu schaffen.

Quantenfeldtheorie: Die Quantenfeldtheorie ist ein weiteres Teilgebiet der Quantenphysik, das sich mit der Beschreibung der ***Wechselwirkung*** von ***Teilchen*** und ***Feldern*** befasst, welche unter anderem auf den Prinzipien der Quantenmechanik basiert.

Quantenfeld: Ein Quantenfeld ist ein mathematisches Konzept in der Quantenphysik, das beschreibt, wie Quantenteilchen und ihre Wechselwirkungen in der Natur auf der subatomaren Ebene auftreten. Es ist eine Erweiterung des Konzepts eines Feldes, das in der klassischen Physik verwendet wird, um die Ausbreitung von Kräften oder Eigenschaften in Raum und Zeit zu beschreiben. Stellen Sie sich vor, das Universum ist wie ein riesiges Orchester, in dem winzige Teilchen wie Musiker spielen. Das Quantenfeld ist wie die unsichtbare Bühne, auf der diese Teilchen ihre Musik – ihre Energie und ihre Kräfte – austauschen. In der Quantenfeldtheorie wird ein Quantenfeld als ein System von unendlich vielen Teilchen beschrieben, die sich in jedem Punkt des Raums und der Zeit befinden können. Diese Teilchen werden auch als „Quantisierungen" des Feldes bezeichnet und verhalten sich sowohl wie Wellen als auch wie Teilchen. Darauf wird auch in späteren Kapiteln noch näher eingegangen.

Die Einführung dieser Begriffe in die Physik markierte den Beginn einer revolutionären Veränderung in unserer Vorstellung von der Natur auf der mikroskopischen Ebene, was wiederum zu bahnbrechenden technologischen Entwicklungen führte und unser Verständnis der Welt grundlegend veränderte.

Bedeutende Grössen und ein kurzer geschichtlicher Abriss der Quantenphysik

Der Mensch besteht aus etwa einer Billion Zellen. Eine Zelle ist jedoch keine quantenmechanische Einheit mehr. Sie können Zellen und ihre Bestandteile im Mikroskop sehen und ihre Funktionsweise mithilfe von „einfachen" Naturgesetzen verstehen.

Die Quantenphysik beginnt dort, wo die Dinge nicht mehr greifbar sind, unscharf und unbestimmt werden – dort, wo Dinge anfangen, sich merkwürdig zu verhalten.

Ein Beispiel: In einem Atom macht der Atomkern über 99 % der Masse aus und ist positiv geladen. Im Atomkern befinden sich die sogenannten Neutronen, welche keine Ladung besitzen, und die positiv geladenen Protonen. Elektronen, welche ebenfalls Bestandteil eines Atoms sind, haben wiederum eine negative Ladung. Diese rasen mit einer enormen Geschwindigkeit um den positiven Atomkern herum – ein Phänomen, das schon sehr lange bekannt ist.

Aber warum tun sie das? Positive und negative Ladungen ziehen sich doch an. Also warum fallen die Elektronen nicht in den Atomkern hinein?

Für solche Ereignisse benötigen Sie eine Theorie oder auch eine physikalische Beschreibung, die erklärt, warum Elektronen, obwohl sie die entgegengesetzte Ladung zum Kern haben, nicht in diesen hineinfallen.

Fragen wie diese und die Beobachtung von anderen Quantenphänomenen, die mit dem damaligen Wissen und den geltenden Naturgesetzen nicht zu erklären waren, führten dazu, dass tiefer nachgeforscht wurde.

Ihre Ursprünge hatte die Quantenphysik dabei im späten 19. und frühen 20. Jahrhundert. Die ersten Beobachtungen von Quantenphänomenen machte der Physiker **Max Planck** Ende des 19. Jahrhunderts, während er mit der Strahlung von Schwarzkörpern experimentierte. Er erkannte im Jahr 1900, dass die Energie, die von einem ***Schwarzkörper*** abgestrahlt wird, nicht kontinuierlich ist, sondern in diskreten Einheiten, also den sogenannten „Energiequanten", abgegeben wird. Dies war ein bahnbrechender Schritt, der die Geburtsstunde der Quantenphysik markierte.

Steckbrief: Max Planck

1858 geboren am 23. April in Kiel, Deutschland

1874 Beginn des Studiums der Physik, Universität München

1879 Promotion in Physik an der Universität München

1885 Ernennung zum Professor für Theoretische Physik an der Universität Kiel

1894 Entwicklung des Planckschen Strahlungsgesetzes, welches die Strahlung von Schwarzen Körpern erklärt und zur Einführung des Konzepts der „Energiequanten" (später als „Plancksches Wirkungsquantum" bekannt) führt

1900 Veröffentlichung des berühmten Papers zur Quantentheorie, in dem Planck die Einführung von diskreten „Energiequanten" vorschlägt, um das Verhalten von Schwingungen in einem Hohlraumstrahler zu erklären; dies markiert den Beginn der Quantenphysik

1920 Max Planck erhält den Nobelpreis für Physik „für seine Entdeckung der Energiequanten".

1944 Max Planck stirbt am 4. Oktober in Göttingen, Deutschland, im Alter von 89 Jahren. Sein Beitrag zur Quantenphysik und sein revolutionärer Ansatz haben die Entwicklung der modernen Physik maßgeblich beeinflusst und seinen Platz als einer der bedeutendsten Physiker aller Zeiten gefestigt.

Schwarzkörperstrahlung: Trifft das Licht auf einen Gegenstand, werden immer bestimmte Wellenlängen des Lichts absorbiert und andere Wellenlängen reflektiert. Durch die reflektierten Wellenlängen wird die Farbe eines Gegenstandes definiert. Ein schwarzer Gegenstand absorbiert alle Wellenlängen des Lichts, weshalb er für das menschliche Auge schwarz erscheint.

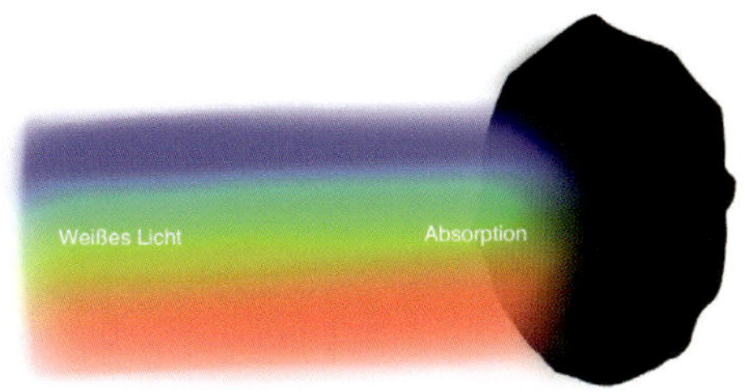

Da die aufgenommene Energie nicht einfach so verschwindet, macht sich diese in Form einer Temperaturerhöhung des schwarzen Gegenstandes bemerkbar. Dabei steigt die Temperatur nicht ins Unermessliche, sondern es stellt sich ein thermisches Gleichgewicht ein. Die Strahlung des schwarzen Körpers wird im thermischen Gleichgewicht als Wärmestrahlung bezeichnet. Im Kapitel „Die Strahlung schwarzer Körper" erhalten Sie detaillierte Informationen zur Wärmestrahlung von schwarzen Körpern.

Einige Jahre später, im Jahr 1905, veröffentlichte Albert Einstein eine Arbeit über den ***Photoeffekt*** (weitere Informationen zum Photoeffekt im Kapitel „Der Photoelektrische Effekt"). Dabei entdeckte er, dass Licht nicht nur als Welle betrachtet werden kann, sondern auch Eigenschaften von Teilchen aufweist. Er spricht dabei von den diskreten Teilchen, den Photonen. Diese Idee der Wellen-Teilchen-Dualität war ein weiterer Meilenstein auf dem Weg zur Quantenphysik.

Welle: Als Welle wird in der Physik eine räumliche und zeitliche Veränderung einer physikalischen Größe bezeichnet, die einem periodischen Muster folgt. Breitet sich eine Größe in einer Welle aus, so handelt es sich immer um einen Transport von Energie.

Steckbrief: Albert Einstein

1879 geboren am 14. März in Ulm, Deutschland

1895 Beginn des Studiums der Physik und Mathematik, Eidgenössische Polytechnische Schule in Zürich

1905 Veröffentlichung von drei bahnbrechenden Artikeln zur speziellen Relativitätstheorie, zum photoelektrischen Effekt und zur Brownschen Bewegung

1915 Veröffentlichung der Allgemeinen Relativitätstheorie, die die Gravitation als Krümmung der Raumzeit beschreibt; die Allgemeine Relativitätstheorie bildet eine Grundlage für die Quantenfeldtheorie und die Quantengravitation

1919 Experimentelle Bestätigung der Allgemeinen Relativitätstheorie; Einstein wird zu einem international anerkannten Physiker

1955 Albert Einstein stirbt am 18. April in Princeton, New Jersey, USA, im Alter von 76 Jahren. Seine bahnbrechenden Arbeiten zur Relativitätstheorie, zur Quantenphysik und zur Physik allgemein haben die moderne Physik nachhaltig geprägt und ihn zu einem der bekanntesten und einflussreichsten Physiker der Geschichte gemacht.

Welle-Teilchen-Dualismus: Diese Theorie der Quantenphysik besagt, dass Materie, aber auch Energie ***sowohl*** Wellen- ***als auch*** Teilcheneigenschaften haben können. Folglich können subatomare Teilchen, wie beispielsweise Elektronen oder Photonen, sowohl als Wellen mit charakteristischen Wellenlängen und Frequenzen als auch als diskrete Teilchen mit bestimmten Energieniveaus und Impulsen betrachtet werden. Der Wellen-Teilchen-Dualismus hat sich als zentrales Konzept in der Quantenphysik erwiesen und unterscheidet sie von der klassischen Physik, in der Partikel und Wellen als ***getrennte*** Einheiten betrachtet werden. Detaillierte Informationen zum Welle-Teilchen-Dualismus erhalten Sie in dem Kapitel „Welle-Teilchen-Dualismus“.

Ein weiterer bedeutender Beitrag kam 1924 von Louis de Broglie, der die Idee vorbrachte, dass nicht nur Licht, sondern auch ***Materie***, wie Elektronen, Welleneigenschaften haben könnte. Diese sogenannte ***Materiewelle*** wurde experimentell bestätigt und festigte die Idee der Wellen-Teilchen-Dualität von Albert Einstein als fundamentales Prinzip der Quantenphysik.

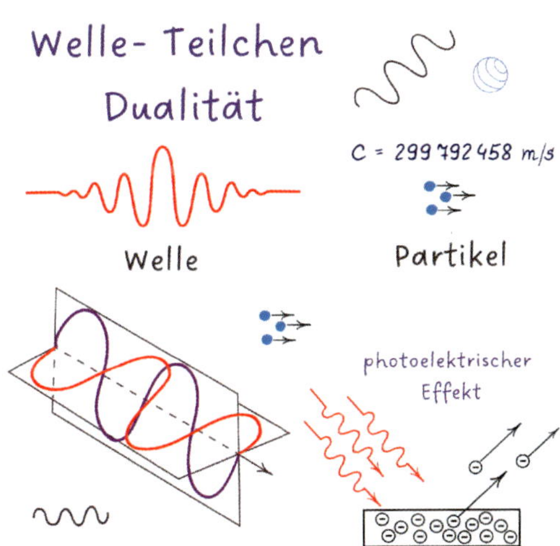

Steckbrief: Louis de Broglie

1892 geboren am 15. August in Dieppe, Frankreich

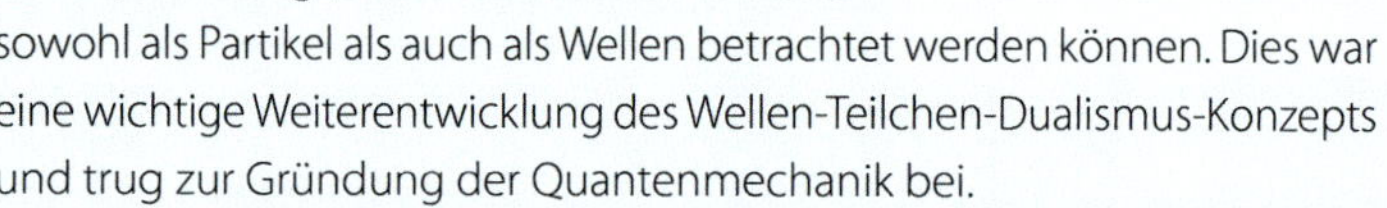

1913 Beginn des Studiums der Mathematik und Physik, Universität Paris

1924 Louis de Broglie entwickelt seine berühmte Doktorarbeit, in der er die Wellennatur von Teilchen, insbesondere von Elektronen, postuliert. Er führt das Konzept der Materiewellen ein, das besagt, dass Teilchen wie Elektronen sowohl als Partikel als auch als Wellen betrachtet werden können. Dies war eine wichtige Weiterentwicklung des Wellen-Teilchen-Dualismus-Konzepts und trug zur Gründung der Quantenmechanik bei.

1929 Louis de Broglie erhält den Nobelpreis für Physik „für seine Entdeckung der Wellennatur der Elektronen".

1987 Louis de Broglie stirbt am 19. März in Louveciennes, Frankreich, im Alter von 94 Jahren. Sein Beitrag zur Quantenphysik mit der Einführung der Materiewellen war ein entscheidender Schritt zur weiteren Entwicklung und Verfeinerung der Quantenmechanik und hat unser Verständnis von Teilchen und ihrer Dualität revolutioniert.

Eine besonders bedeutende Zeit für die Entwicklung der Quantenphysik waren die Jahre 1925 und 1926. **Werner Heisenberg** entwickelte die Matrixmechanik und **Erwin Schrödinger** die Schrödinger-Gleichung, von der Sie schon am Anfang des Buches gelesen haben. Dabei handelt es sich um zwei der heute grundlegenden Formeln der Quantenmechanik. Diese Formeln erlauben es, Eigenschaften von Teilchen und Systemen zu berechnen.

Steckbrief: Werner Heisenberg

1901 geboren am 5. Dezember in Würzburg, Deutschland

1920 Beginn des Studiums der Physik, Universität München

1923 Promotion in Physik, Universität München

1925 Entwicklung der „Heisenbergschen Unschärferelation", die besagt, dass es eine fundamentale Unschärfe oder eine Grenze für die gleichzeitige Genauigkeit der Messung von Position und Impuls eines Teilchens gibt

1927 Heisenberg formuliert die Matrixmechanik, eine der ersten Formulierungen der Quantenmechanik, die mathematische Matrizen zur Beschreibung von Zuständen verwendet.

1932 Werner Heisenberg erhält den Nobelpreis für Physik „für die Schaffung der Quantenmechanik, deren Anwendung zur Entdeckung der bisher unbekannten Struktur von Molekülen und Kristallen geführt hat".

1946 Heisenberg wird Direktor des Max-Planck-Instituts für Physik in Göttingen.

1976 Werner Heisenberg stirbt am 1. Februar in München, Deutschland, im Alter von 74 Jahren. Sein Beitrag zur Quantenmechanik mit der Unschärferelation und der Matrixmechanik hat das Verständnis der Quantenwelt wesentlich beeinflusst und seine Arbeit wird als einer der wichtigsten Beiträge zur modernen Physik anerkannt.

Steckbrief: Erwin Schrödinger

1887 geboren am 12. August in Wien, Österreich-Ungarn

1910 Beginn des Studiums der Physik, Universität Wien

1918 Promotion in Physik, Universität Wien

1926 Entwicklung der Schrödinger-Gleichung, einer fundamentalen Gleichung der Quantenmechanik, die die zeitliche Entwicklung der Wellenfunktion eines quantenmechanischen Systems beschreibt; die Schrödinger-Gleichung ermöglicht es, die Wahrscheinlichkeitsverteilung von Teilchen in einem quantenmechanischen System vorherzusagen

1927 Veröffentlichung des Buches „Quantenmechanik" und Formulierung der „Wellenmechanik", einer Interpretation der Quantenmechanik, die auf Wellenfunktionen basiert

1933 Schrödinger führt das „Schrödingersche Katzenparadoxon" ein, ein Gedankenexperiment, das die Schwierigkeit der Anwendung von Quantenmechanik auf makroskopische Systeme aufzeigt.

1935 Entwicklung der „Schrödinger-Pauli-Gleichung", die die Quantenmechanik in das Rahmenwerk der speziellen Relativitätstheorie einbezieht und das Verhalten von Teilchen mit Spin beschreibt

1961 Erwin Schrödinger stirbt am 4. Januar in Wien, Österreich, im Alter von 73 Jahren. Seine Arbeit zur Quantenmechanik, insbesondere die Schrödinger-Gleichung und seine Wellenmechanik-Interpretation, hat wesentlich dazu beigetragen, die Grundlagen der Quantenphysik zu etablieren und ihr Verständnis zu verbessern.

In den folgenden Jahrzehnten entwickelte sich die Quantenphysik weiter und führte zu einer Vielzahl von Entdeckungen und Anwendungen, wie z. B. dem bedeutenden Wu-Experiment.

Wu-Experiment: Das „Wu-Experiment", auch bekannt als „Cobalt-60-Experiment", wurde von Chien-Shiung Wu und ihren Kollegen im Jahr 1956 durchgeführt. Es war ein bahnbrechendes Experiment, das zur Entdeckung der Verletzung der Parität in der schwachen Wechselwirkung führte und wichtige Auswirkungen auf das Verständnis der Elementarteilchenphysik hatte.

Die **Parität** (= Gleichsetzung, Gleichheit) ist eine Symmetrie in der Physik, die besagt, dass physikalische Gesetze und Prozesse unverändert bleiben, wenn alle räumlichen Koordinaten gleichzeitig invertiert werden, also wenn „links" und „rechts" vertauscht werden. Stellen Sie sich vor, Sie haben einen Tanzsaal mit Paaren, die sich im Uhrzeigersinn drehen. Nach den damals bekannten physikalischen Gesetzen hätte es genauso gut auch gegen den Uhrzeigersinn sein können und es hätte keinen Unterschied gemacht. Die Parität ist eine Art physikalische „Tanzrichtung". Das Wu-Experiment hat gezeigt, dass in der Welt der subatomaren Teilchen die Natur eine bevorzugte „Tanzrichtung" hat. Es ist so, als ob die Natur sagt: „In dieser subatomaren Welt bevorzuge ich eine bestimmte Drehrichtung."

Steckbrief: Chien-Shiung Wu

1912 geboren am 31. Mai in Liuhe, China

1936 Studienabschluss National Central University in Nanjing, China

1940 Doktorarbeit über Betazerfall, University of California, Berkeley

1944 Beginn ihrer Arbeit am Manhattan-Projekt, wo sie am Bau der Atombombe beteiligt war

1956 Durchführung des berühmten Cobalt-60-Experiments mit ihren Kollegen, das die Theorie von T. D. Lee und C. N. Yang über die Paritätsverletzung in der schwachen Wechselwirkung in der Elementarteilchenphysik bestätigt hat

1963 Sie erhält den Comstock-Preis in Physik für ihre Beiträge zur Paritätsverletzung.

1975 Erste Präsidentin der American Physical Society

1978 Erhalt der National Medal of Science vom US-Präsidenten Jimmy Carter

1997 Chien-Shiung Wu stirbt am 16. Februar in New York City, USA, im Alter von 84 Jahren. Ihr Beitrag zur Paritätsverletzung und zu anderen wichtigen Experimenten hat sie zu einer der einflussreichsten Physikerinnen des 20. Jahrhunderts gemacht.

Paul Dirac formulierte die Quantenmechanik mithilfe der mathematischen Struktur der linearen Algebra in der sogenannten *„Dirac-Notation"*. Mithilfe dieser mathematischen Schreibweise können die Grundlagen der Quantenmechanik präzise und einheitlich ausgedrückt werden. Sie basiert auf dem Konzept der Vektoren und ermöglicht eine elegante Darstellung von Zuständen, Operatoren und Messungen in der Quantenmechanik.

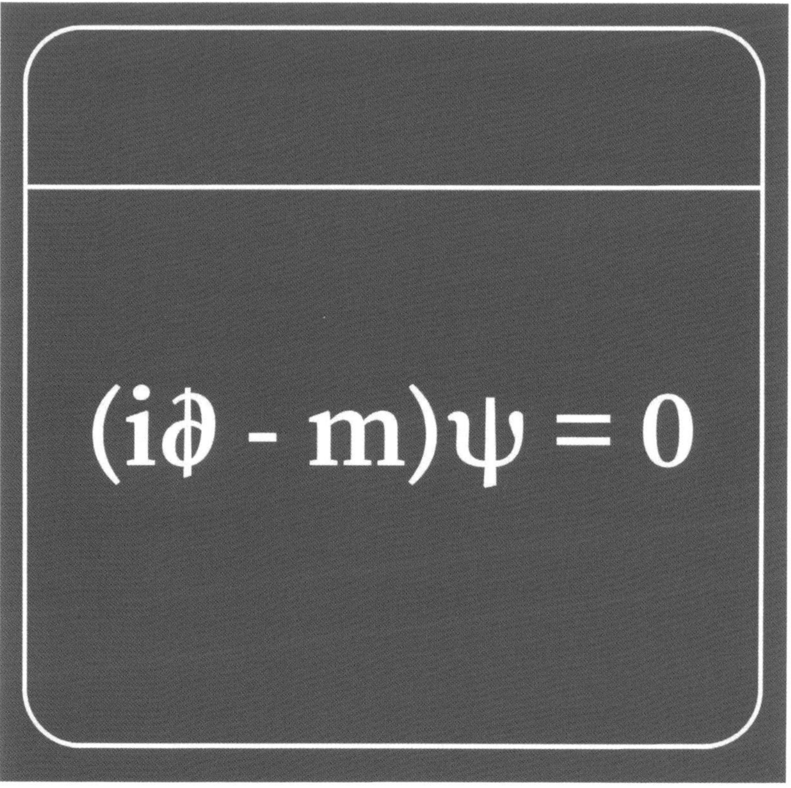

Steckbrief: Paul Dirac

1902 geboren am 8. August in Bristol, England

1923 Abschluss des Studiums der Mathematik, Universität Bristol

1926 Entwicklung der Diracschen Gleichung, einer relativistischen Wellengleichung für das Elektron, die den Spin berücksichtigt; die Diracsche Gleichung ist ein wichtiger Schritt zur Entwicklung der Quantenfeldtheorie und zur Vereinigung von Quantenmechanik und spezieller Relativitätstheorie

1928 Veröffentlichung des Buches „Principles of Quantum Mechanics", in dem er die Quantenmechanik in einer mathematisch fundierten und abstrakten Formulierung darstellt

1933 Dirac führt das Konzept der „Antiteilchen" ein, was zur Entdeckung des Positrons, des Antiteilchens des Elektrons, führt

1934 Entwicklung der Theorie der Quantisierung von Fermionen, die als „Dirac'sche Quantisierung" bekannt ist und die Grundlage für die Quantenfeldtheorie von Teilchen mit halbzahligem Spin legt; weitere Informationen zum Spin von Teilchen erhalten Sie im Kapitel „Elementarteilchen".

1975 Erhalt des Nobelpreises für Physik „für die Entdeckung neuer produktiver Formen der Atomtheorie", gemeinsam mit E. P. Wigner

1984 Paul Dirac stirbt am 20. Oktober in Tallahassee, Florida, USA, im Alter von 82 Jahren. Er hinterlässt ein enormes Erbe in der Physik und gilt als einer der bedeutendsten Theoretiker des 20. Jahrhunderts.

Richard Feynman entwickelte die *Pfadintegral-Formulierung*, eine weitere mathematische Methode zur Berechnung quantenmechanischer Wahrscheinlichkeiten.

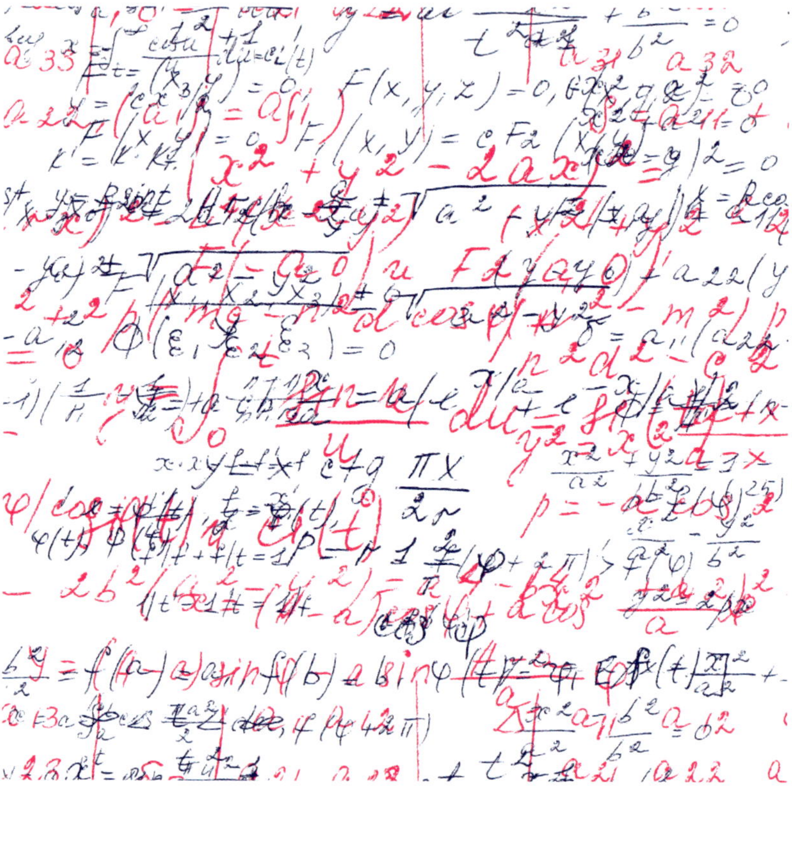

Steckbrief: Richard Feynman

1918 geboren am 11. Mai in New York City, USA

1939 Abschluss des Studiums der Mathematik, Massachusetts Institute of Technology (MIT)

1942 Promotion in Physik, Princeton University

1948 Entwicklung der „Feynman-Diagramme“, einer mathematischen Darstellung von Teilchenwechselwirkungen in der Quantenfeldtheorie; diese Diagramme revolutionierten die Berechnung von quantenmechanischen Prozessen und wurden zu einem wichtigen Werkzeug in der Teilchenphysik

1965 Verleihung des Nobelpreises für Physik „für ihre bahnbrechenden Arbeiten in der Quantenelektrodynamik, mit tiefgreifenden Folgen für die physikalische Theorie“ (zusammen mit Schwinger und Tomonaga)

1988 Feynman stirbt am 15. Februar in Los Angeles, Kalifornien, USA, im Alter von 69 Jahren. Sein Erbe in der Physik und seine Beiträge zur Quantenmechanik, Teilchenphysik und Quantenfeldtheorie sind von unschätzbarem Wert und haben das Verständnis der modernen Physik maßgeblich geprägt.

Mit der Entdeckung der Quantenverschränkung und der Entwicklung von Quantenfeldtheorien wie der Quantenelektrodynamik (QED) und der Quantenchromodynamik (QCD) im späten 20. Jahrhundert entwickelte sich die Quantenphysik weiter zu einem der grundlegendsten Gebiete der modernen Physik.

Heute hat die Quantenphysik zahlreiche Anwendungen in der Technologie, beispielsweise in der Quantenkommunikation und in der Entwicklung von Quantencomputern. Doch trotz aller Fortschritte gibt es immer noch offene Fragen und Herausforderungen, wie die Vereinigung der Quantenmechanik mit der Allgemeinen Relativitätstheorie, um eine Theorie der Quantengravitation zu entwickeln.

Von Quanten, Photonen & Elektronen

Photonen und Elektronen gehören zu den sogenannten Elementarteilchen und werden auch als Quantenteilchen bezeichnet. Alle Elementarteilchen haben, wie Sie schon erfahren haben, etwas gemeinsam: Sie sind quantisiert, das heißt, dass sie nur bestimmte diskrete Werte annehmen können, anstatt jeden möglichen Wert dazwischen anzunehmen. Sie existieren also nur in festgelegten Abstufungen oder Paketen.

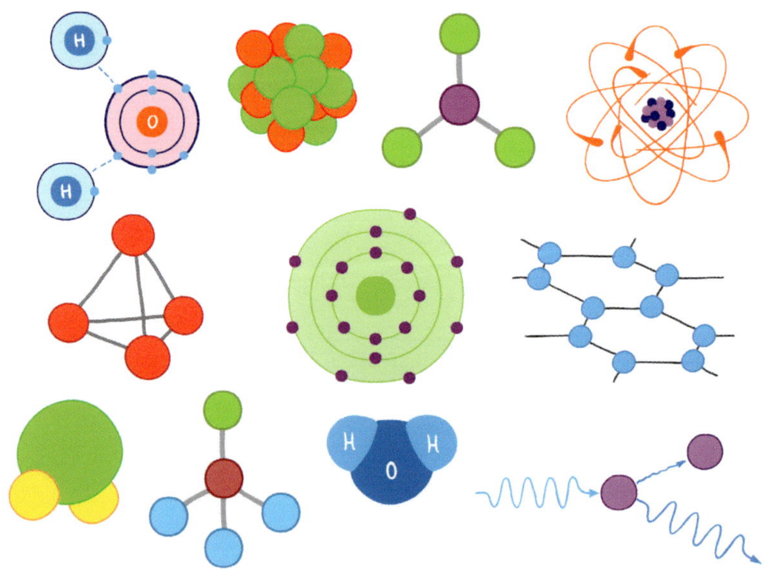

Zur Wiederholung – „Quanten": In der Quantenphysik sind Quanten die diskreten Einheiten oder Pakete, in denen bestimmte physikalische Größen wie Energie, Impuls und Drehimpuls auftreten können. Quantenphänomene treten auf der kleinsten Skala, der atomaren und subatomaren Ebene, auf. Es ist das grundlegende Konzept, dass physikalische Größen nicht kontinuierlich variieren, sondern in diskreten Einheiten existieren.

Photonen: Photonen sind die elementaren Teilchen des Lichts und gehören zur Klasse der Quantenteilchen, die auch als Bosonen bekannt sind. Sie tragen elektromagnetische Energie in Form von Lichtwellen. Photonen zeigen sowohl Wellen- als auch Teilcheneigenschaften, was durch den Wellen-Teilchen-Dualismus beschrieben wird.

Elektronen: Elektronen sind subatomare Teilchen, die in Atomen und Molekülen vorkommen und eine elektrisch ***negative*** Ladung tragen. Auch sie gehören zu den Quantenteilchen. Ähnlich wie Photonen zeigen Elektronen auch das Phänomen des Wellen-Teilchen-Dualismus.

Elementarteilchen

Elementarteilchen sind die fundamentalen Bausteine der Materie und Wechselwirkungen im Universum. Sie sind winzig kleine Teilchen, die keine innere Struktur haben und keine bekannten Substrukturen besitzen. Elementarteilchen haben daher die Eigenschaft, dass sie nicht in noch kleinere Einheiten zerlegt werden können. Diese Teilchen sind die kleinsten bekannten Bausteine des Universums und bilden die Grundlage für die Beschreibung der Physik auf der sogenannten **subatomaren Ebene**.

Werden also Dinge betrachtet, die noch kleiner als Atome sind, sprich die einzelnen Bausteine der Atome, so befindet man sich auf dieser subatomaren Ebene. Stellen Sie sich vor, das Universum ist wie ein riesiges Lego-Set und die Elementarteilchen sind die kleinsten Bausteine, aus denen alles zusammengesetzt ist. Auf der subatomaren Ebene finden Sie also die Elementarteilchen, wie zum Beispiel Quarks oder Elektronen, aus denen unser Universum wie ein Lego-Set zusammengesetzt ist. Elementarteilchen werden in zwei verschiedene Gruppen unterteilt, die **Materieteilchen** und die **Austauschteilchen**.

Materieteilchen sind die kleinsten Bausteine unseres Universums, aus denen alles und jeder auf dieser Welt besteht. Es gibt verschiedene Arten von Materieteilchen. Stellen Sie sich dazu einen Korb mit bunten Kugeln vor, die wild durcheinandergemischt sind, aber dennoch eine Einheit ergeben. So gibt es auf der Erde etliche Körbe mit Kugeln in verschiedener Anzahl und unterschiedlichen Farben.

Die Austauschteilchen können nun zwischen den Materieteilchen hin und her getauscht werden und sind damit für die Wechselwirkung zwischen den Materieteilchen verantwortlich. Stellen Sie sich dazu wieder die Körbe mit den Bällen vor. In einem Korb befinden sich nun aber nicht nur die bunten Bälle, die Materieteilchen, sondern auch kleinere Murmeln, die dafür sorgen, dass die Bälle miteinander interagieren können. Diese Murmeln sind wie Boten, die Informationen zwischen den unterschiedlichen Körben transportieren können. Diese Teilchen übertragen also Informationen und Kräfte zwischen den Materieteilchen, indem sie von einem Korb in den anderen geworfen werden. Sie sind daher die Vermittler von Wechselwirkungen zwischen den Bausteinen der Materie – ohne sie könnten die Materieteilchen nicht miteinander interagieren oder Kräfte übertragen.

Dabei handelt es sich bei den Materieteilchen um **Quarks** und **Leptonen**, während die **Eichbosonen** zu den Austauschteilchen gehören.

Quarks

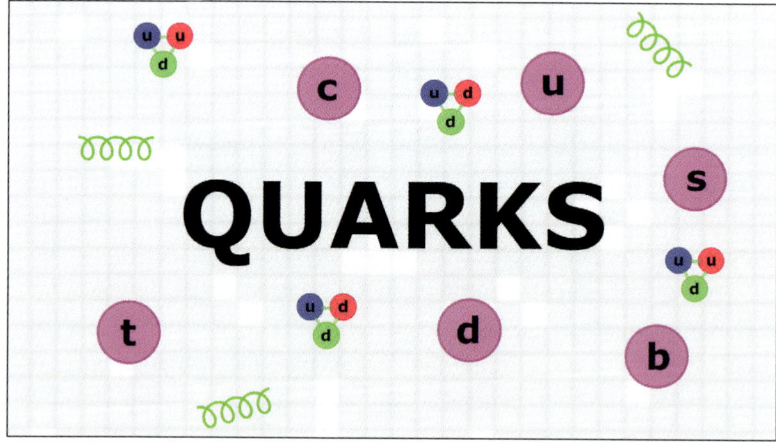

Quarks gehören zu den Materieteilchen und sind damit zusammen mit den Leptonen grundlegende Bausteine der Materie. Quarks sind also die winzigen Bausteine, aus denen größere Teilchen wie Protonen und Neutronen zusammengesetzt sind. In der Natur kommen Quarks nicht einzeln vor, sondern bilden die sogenannten **Hadronen**, die aus mehreren Quarks bestehen. Sie können beliebig miteinander kombiniert werden und bilden so größere Strukturen, wie beispielsweise die Atomkerne. Stellen Sie sich nun wieder den Korb mit den Bällen vor. Nicht alle Bälle sind einzeln in dem Korb vorhanden. Es gibt einige Bälle, die mit anderen zusammengeklebt sind und somit größere Einheiten bilden.

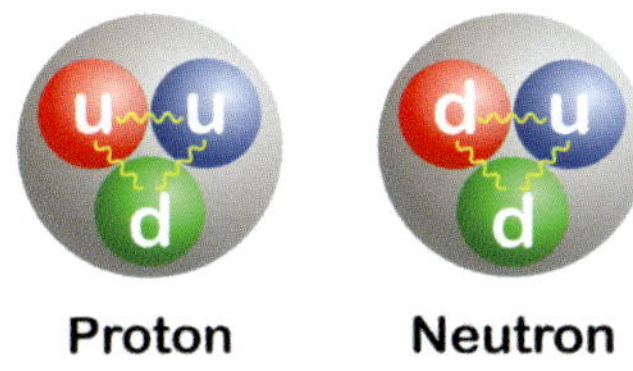

Man unterscheidet dabei zwei verschiedene Verbindungen: die Baryonen und die Mesonen. Die sogenannten **Baryonen** bestehen aus drei Quarks. Baryonen sind dabei sozusagen die schwereren Bälle, welche sehr stark aneinanderkleben. Sie sind stabiler als die Mesonen. Das bekannteste Baryon ist das Proton, welches ein wichtiger Bestandteil des Atomkerns darstellt.

Mesonen sind instabil, das bedeutet, die Bälle sind nur mit einem sehr schwachen Kleber verbunden. Mischt man die Bälle mit der Hand, zerfallen Mesonen wieder in ihre Einzelteile oder verbinden sich mit anderen Teilchen. Mesonen bestehen aus einem Quark und dem entsprechenden Antiteilchen (Antiquark).

Antiquarks: Antiquarks sind wie die Spiegelbilder der Quarks, die sich in den Bausteinen der Materie verstecken. Sie haben die gleiche Masse, aber die entgegengesetzte Ladung zu ihren Spiegelbildern: Wenn ein Quark positiv geladen ist, ist sein Antiquark negativ geladen. Diese Antiquarks sind faszinierende Gegenstücke zu den Quarks und spielen eine wichtige Rolle in der subatomaren Physik, da sie in Kombination mit Quarks dazu beitragen, größere Teilchen zu formen

Es gibt sechs verschiedene Quarks mit unterschiedlichen Eigenschaften:

- das Up-Quark (Symbol u)
- das Down-Quark (Symbol d)
- das Strange-Quark (Symbol s)
- das Charm-Quark (Symbol c)
- das Bottom-Quark (Symbol b)
- das Top-Quark (Symbol t)

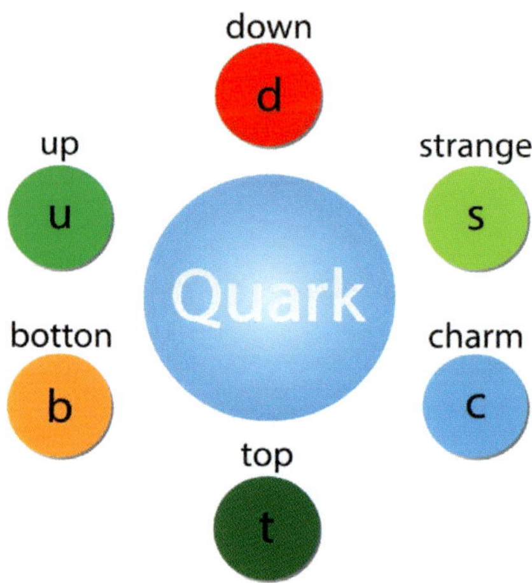

Eigenschaft Nr. 1: Elektrische Ladung

Alle Quarks sind elektrisch geladen. Die Elementarladung beträgt-1/3 oder +2/3, je nach Art des Quarks. Gehen die Quarks Verbindungen miteinander ein, so haben diese immer eine ganzzahlige Ladung. Zum Beispiel hat ein Up-Quark eine Ladung von +2/3, während ein Down-Quark eine Ladung von-1/3 hat. Wenn diese mit einem weiteren Quark zu einem Hadron kombiniert werden, ergibt sich eine Gesamtladung. Ein Beispiel für eine solche Kombination ist das Proton. Ein Proton besteht aus zwei Up-Quarks und einem Down-Quark, was zu einer Gesamtladung von +1 führt. Experimentelle Hinweise auf existierende Verbindungen mit gebrochener Ladung gibt es nicht.

Eigenschaft Nr. 2: Farbladung

Eine interessante Eigenschaft von Quarks ist ihre „Farbladung". Diese Bezeichnung hat nichts mit der tatsächlichen Farbe zu tun, sondern ist ein abstraktes Konzept, das dazu dient, die starke Wechselwirkung zwischen den Quarks zu beschreiben. Dabei gibt es drei Arten von Farbladung: Rot, Grün und Blau. Antiquarks tragen die sogenannte „Antifarbe" (sozusagen Anti-Rot etc.). Es ist wichtig, zu betonen, dass diese „Farben" und „Antifarben" keine tatsächlichen Farben im herkömmlichen Sinne sind. Dies sind nur Begriffe, die Ladungseigenschaften von Quarks beschreiben. Im Gegensatz zur elektromagnetischen Ladung, die positive und negative Werte annehmen kann, kann die Farbladung nur in den genannten „Farben" existieren und ihre Kombinationen führen dazu, dass Quarks in ***farbneutralen*** Zuständen, wie Hadronen, erscheinen.

Eigenschaft Nr. 3: Spin

In der Natur gibt es zwei grundlegende Typen von Teilchen, basierend auf ihrem Spin:

Fermionen als Bausteine der Materie mit ***halbzahligem*** Spin. Genau wie Leptonen gehören Quarks zur Gruppe der ***Fermionen***, da sie einen Spin von ½ tragen.

Bosonen, die für die Übertragung von Kräften und Wechselwirkungen verantwortlich sind, mit ***ganzzahligem*** Spin (Wie Sie bereits wissen, sind Eichbosonen beispielsweise Austauschteilchen und hierbei eine Unterkategorie der Bosonen).

Der Spin eines Teilchens gibt an, wie dieses sich unter Rotation im Raum verhält. Es ist vergleichbar mit dem Drehmoment der klassischen Physik und beschreibt den Eigendrehimpuls von Elementarteilchen. Stellen Sie sich vor, Sie haben ein winziges Teilchen, das sich um sich selbst dreht, wie ein kleiner Kreisel. Dieses Drehen des Teilchens wird als „Spin" bezeichnet. In der Welt der Teilchenphysik hat jedes einzelne Teilchen einen bestimmten Spin. Der Spin ist eine eigenartige Eigenschaft, die nicht genau wie das Drehen eines Kreisels ist, aber dieses Bild hilft dabei, es sich vorzustellen. Stellen Sie sich nun vor, Sie hätten einen Kreisel, der sich einmal, zweimal oder mehrmals um seine eigene Achse dreht (ganzzahliger Spin), oder einen Kreisel, der sich nur halb um seine Achse dreht. Es ist, als würde er nur eine halbe Umdrehung machen, bevor er wieder am Ausgangspunkt ist (halbzahliger Spin). Die Unterscheidung zwischen den Spins hat fundamentale Auswirkungen auf die Eigenschaften und das Verhalten dieser Teilchen im Universum. Stellen Sie sich ein Elementarteilchen vor, welches einen Pfeil in sich trägt. Der Spin gibt nun an, wie der Pfeil in Bezug auf eine bestimmte Achse ausgerichtet ist. Beim halbzahligen Spin gibt es nur zwei Möglichkeiten, wie der Pfeil ausgerichtet sein kann:

- + ½ – der Pfeil zeigt nach oben
- -½ – der Pfeil zeigt nach unten

Besitzt ein Teilchen einen ganzzahligen Spin, so kann der Pfeil des Teilchens in mehrere Richtungen ausgerichtet sein:

- 0 – der Pfeil hat keine Ausrichtung
- +1 – der Pfeil zeigt nach oben
- -1 – der Pfeil zeigt nach unten etc.

Der Unterschied zwischen einem halbzahligen und einem ganzzahligen Spin liegt darin, dass Teilchen mit halbzahligem Spin (Fermionen) nur zwei mögliche Spinausrichtungen haben und dem Pauli-Prinzip ***folgen***, während Teilchen mit ganzzahligem Spin (Bosonen) mehrere mögliche Spinausrichtungen haben und das **Pauli-**Prinzip ***nicht*** anwenden.

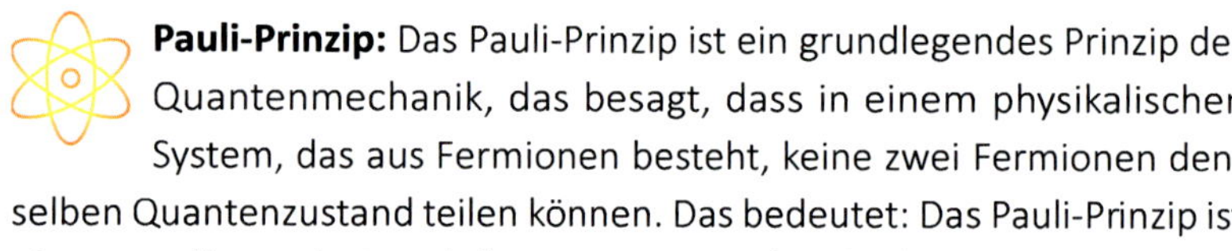

Pauli-Prinzip: Das Pauli-Prinzip ist ein grundlegendes Prinzip der Quantenmechanik, das besagt, dass in einem physikalischen System, das aus Fermionen besteht, keine zwei Fermionen denselben Quantenzustand teilen können. Das bedeutet: Das Pauli-Prinzip ist eine grundlegende Regel der Quantenmechanik, die sicherstellt, dass Teilchen sich nicht zu nahe kommen und dieselben Zustände teilen, was für die Struktur von Atomen und die Stabilität von Materie entscheidend ist.

Eigenschaft Nr. 4: Antiteilchen

Zu jedem Quark gibt es ebenfalls Antiteilchen, welche als Antiquarks bezeichnet werden. Sie haben entgegengesetzte elektrische Ladungen zu ihren Quarks. Dabei ist das Up-Quark das leichteste und das Top-Quark das schwerste Teilchen.

Leptonen

Genau wie die Quarks gehören auch Leptonen zu den Materieteilchen und sind damit grundlegende Bausteine der Materie. Sie sind im Alltag des Menschen reichlich vorhanden, da sie Teil der Materie sind, aus der die Welt aufgebaut ist. Leptonen sind die winzigen Materieteilchen, die eben nicht aus Quarks (den Bausteinen von Protonen und Neutronen) zusammengesetzt sind. Es gibt sechs verschiedene Leptonen mit unterschiedlichen Eigenschaften:

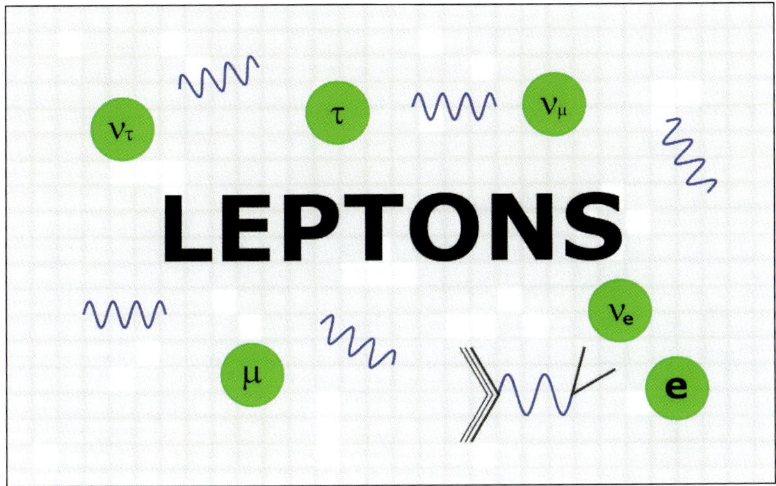

- **Elektron** (Symbol e)
- Elektron-Neutrino (Symbol ve)
- **Myon** (Symbol μ)
- Myon-Neutrino (Symbol vμ)
- **Tauon** (Symbol τ)
- Tauon-Neutrino (Symbol vτ)

Eigenschaft Nr. 1: Elektrische Ladung

Nicht alle Leptonen sind elektrisch geladen. Drei Leptonen tragen eine ***negative*** Ladung (Elektron, Myon, Tauon), während die anderen drei Leptonen (Neutrinos) elektrisch ***neutral*** geladen sind.

Eigenschaft Nr. 2: Masse

Die leichtesten und stabilsten Leptonen, das Elektron und das Elektron-Neutrino, sind auch die am häufigsten vorkommenden Leptonen. Im Vergleich zu den Quarks sind Leptonen relativ leicht. Die Massen der Neutrinos sind viel kleiner und lange war es nicht möglich, ihre genaue Masse zu bestimmen. Obwohl sie nicht als „masselos" angesehen werden, sind ihre Massen so winzig, dass sie im Vergleich zu den geladenen Leptonen vernachlässigt werden können.

Eigenschaft Nr. 3: Spin

Auch die Leptonen gehören zur Gruppe der Fermionen, da sie genau wie die Quarks einen halbzahligen Spin tragen. Alle Leptonen haben einen Spin von-1/2.

Eigenschaft Nr. 4: Antiteilchen

Zu jedem Lepton gibt es ebenfalls Antiteilchen, welche durch das Wort „Anti" vor dem jeweiligen Namen ersichtlich sind. Die Ladung der Antiteilchen von Elektron, Tauon und Myon ist eine positive Ladung. Das Antiteilchen des Elektrons wird auch als **Positron** bezeichnet. Dazu später noch mehr.

Eichbosonen

Wie Sie bereits wissen: Die Eichbosonen (oder Gauge-Bosonen) sind eine spezielle Gruppe von Bosonen, die für die Übertragung der fundamentalen Kräfte der Teilchenphysik verantwortlich sind. Sie interagieren dabei mit den Materieteilchen gemäß den Regeln der Quantenfeldtheorie. Folgende Teilchen sind für die Übertragung der Kräfte verantwortlich:

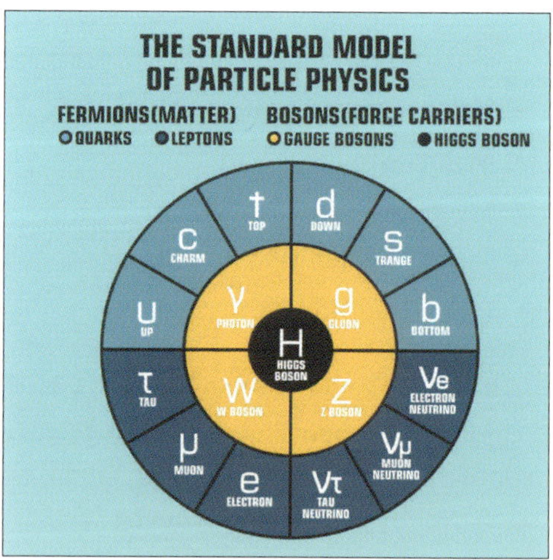

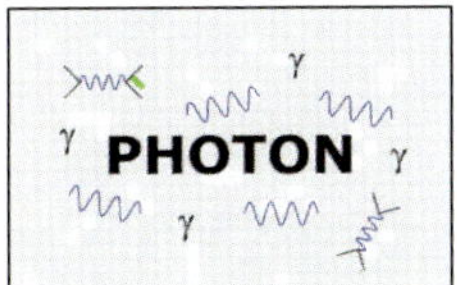

- Das **Photon** (γ) vermittelt die elektromagnetische Kraft, die für die Wechselwirkung geladener Teilchen verantwortlich ist. Es ermöglicht die elektromagnetische Wechselwirkung zwischen Elektronen und Atomkernen.

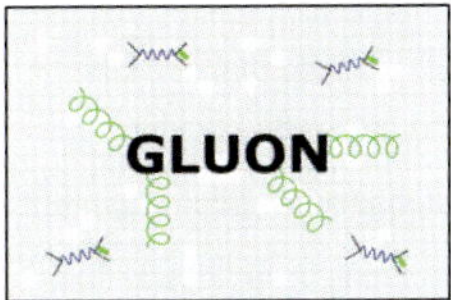

- Die Gluonen (g) übertragen die starke Kernkraft, welche die Quarks zusammenhält und somit für die Stabilität von Protonen und Neutronen im Atomkern verantwortlich ist. Die starke Wechselwirkung wird auch als „Quantenchromodynamik" (QCD) bezeichnet.

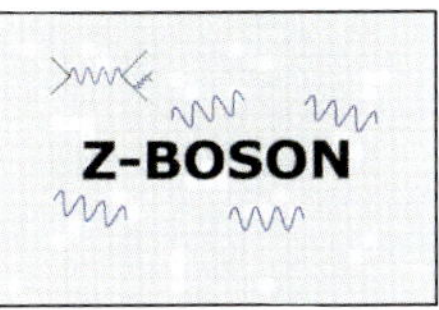

- Die **W- und Z-Bosonen** (W^+, W^-, Z^0) sind die Vermittler der schwachen Kernkraft. Die schwache Wechselwirkung ist für den radioaktiven Zerfall und andere Formen des Zerfalls verantwortlich, die eine Veränderung der Quarks- oder Leptonenarten bewirken können.

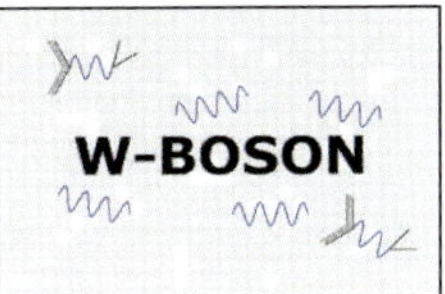

Die unterschiedlichen Eichbosonen haben verschiedene **Massen** und **Reichweiten**, die ihre Interaktionen beeinflussen und so charakteristische Eigenschaften der Kräfte preisgeben. Nur aufgrund dieser Eigenschaften gibt es Unterschiede zwischen starker und schwacher Kernkraft sowie der elektromagnetischen Kraft.

Eigenschaft Nr. 1: Masse

Das Photon ist genau wie die Gluonen masselos. Im Gegensatz dazu sind die W- und Z-Bosonen relativ massiv. Stellen Sie sich noch einmal vor, Eichbosonen sind Vermittler, die sicherstellen, dass bestimmte Teilchen miteinander kommunizieren können. Die Masse dieser Eichbosonen ist vergleichbar mit dem Gewicht der Boten. Warum ist das von Bedeutung? Wenn ein Bote sehr leicht ist bzw. masselos, wie das Photon oder Gluonen, kann er sich schnell bewegen und die Nachrichten zügig übermitteln. Ist der Bote jedoch schwer, wie die W- und Z-Bosonen, wird es schwieriger, sich schnell von einem Ort zum anderen zu bewegen.

Die Masse von Eichbosonen ist daher wichtig, da sie beeinflusst, wie stark oder schwach diese bestimmte Kräfte zwischen Teilchen übertragen können. In einfacheren Worten: Die Masse der Eichbosonen beeinflusst, wie ***effektiv*** sie als Vermittler von Kräften zwischen den Teilchen agieren können.

Eigenschaft Nr. 2: Reichweite

Das Photon hat aufgrund seiner Masselosigkeit eine unendliche Reichweite (für weitere Informationen schauen Sie bitte in das Kapitel „Quantenobjekt Photon"). Denn die Masse der Eichbosonen, der Boten, spielt auch eine Rolle bei ihrer Reichweite, also dabei, wie weit sie Einfluss ausüben können. Wenn der Bote leicht ist, kann er sich leicht fortbewegen und die Nachrichten überallhin tragen. Ein leichtes Eichboson hat also eine längere Reichweite, kann also über größere Entfernungen wirken.

Elementary particles

Wenn jedoch der Bote schwer ist, wird es schwieriger, sich schnell fortzubewegen und die Nachrichten zu übermitteln. Die W- und Z-Bosonen haben daher eine begrenzte Reichweite, was bedeutet, dass die schwache Kernkraft auf kurze Distanzen wirkt. Das bedeutet, dass sie nur in unmittelbarer Nähe wirken können und ihre Kraft abnimmt, wenn die Entfernungen größer werden.

Die Reichweite der Gluonen ist aufgrund der „Farbladung" der Quarks auf subatomare Entfernungen, also Reichweiten kleiner als ein Atom, beschränkt. Jetzt sind hier Gluonen die Boten, die die Nachrichten zwischen Quarks übermitteln. Aber es gibt einen Haken: Gluonen haben eine begrenzte Reichweite, wie kurze Arme. Warum? Weil die „Farbladungen" der Quarks, die wie kleine Farbauswahlen sind, sie nur über sehr kurze Entfernungen agieren lassen. Wenn zwei Quarks mit ihren Farbladungen zu weit voneinander entfernt sind, können die Gluonen die Verbindung nicht aufrechterhalten. Ihre Reichweite ist kleiner als ein Atom, also müssen sich Quarks relativ nah beieinander aufhalten, damit Gluonen effektiv zwischen ihnen vermitteln können. Es ist, als ob die Nachrichten zwischen den Quarks nur innerhalb einer winzigen Nachbarschaft übermittelt werden können.

Testen Sie nun Ihr Wissen!

1. **Frage:** Welches Elementarteilchen trägt eine positive Ladung?
   - O a) Elektron
   - O b) Neutrino
   - O c) Positron
2. **Frage:** Welches Elementarteilchen ist im Atomkern zu finden?
   - O a) Neutron
   - O b) Elektron
3. **Frage:** Welches Elementarteilchen vermittelt die elektromagnetische Kraft?
   - O a) Photon
   - O b) Gluon
   - O c) W-Boson
4. **Frage:** Welches Elementarteilchen kommt in sechs verschiedenen „Geschmacksrichtungen" vor?
   - O a) Lepton
   - O b) Quark
   - O c) Boson
5. **Frage:** Welches Elementarteilchen ist bekannt für seine Rolle bei der Übertragung der Gravitationskraft?
   - O a) Graviton
   - O b) Neutrino
   - O c) Higgs-Boson

Antworten:

1. c) Positron
2. a) Neutron
3. a) Photon
4. b) Quark
5. a) Graviton

Die Grundkräfte der Physik

In der Physik gibt es vier Grundkräfte:

- die starke Wechselwirkung
- die schwache Wechselwirkung
- die elektromagnetische Wechselwirkung
- die Gravitation

Diese stellen die fundamentalen Wechselwirkungen im Universum dar, welchen auch die Elementarteilchen unterliegen. Dabei unterliegen jedoch nicht ***alle*** Gruppen der Elementarteilchen ***allen*** Grundkräften. Es gibt Unterschiede, die im Folgenden beschrieben werden.

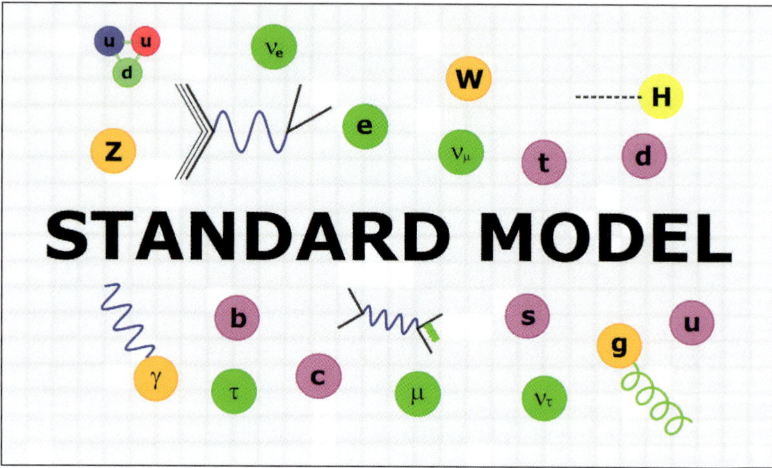

Die starke Wechselwirkung: Zusammenhalt

Die starke Wechselwirkung, auch als starke Kernkraft bezeichnet, ist unter anderem für den **starken Zusammenhalt** der Quarks in Hadronen verantwortlich. Zur Erinnerung: Quarks kommen nicht einzeln in der Natur vor, sondern gehen Verbindungen miteinander ein, welche als Hadronen bezeichnet werden.

Im Folgenden finden Sie einige Fakten zur starken Wechselwirkung:

- Die starke Wechselwirkung wird durch den Austausch von **Gluonen** vermittelt, welche die Vermittlerteilchen sind. Gluonen selbst tragen Farbladung, wodurch sie in der Lage sind, starke Kräfte zwischen den Quarks auszutauschen.

- Interessanterweise wird die starke Kernkraft **mit zunehmendem Abstand** zwischen den Quarks **stärker**, bis sie schließlich so stark ist, dass neue Quark-Antiquark-Paare aus dem Vakuum erzeugt werden (Quark-Antiquark-Produktion).

- Wie Sie wissen, können einzelne freie Quarks in der Natur nicht beobachtet werden. Sie kommen immer in gebundenen Zuständen, den Hadronen, vor. Dieser Effekt wird als „**Farbkonfinement**" bezeichnet.

Eine bemerkenswerte Eigenschaft der starken Wechselwirkung ist die sogenannte „**asymptotische Freiheit**", die von David Gross, David Politzer und Frank Wilczek entdeckt wurde, wofür sie 2004 den Nobelpreis für Physik erhielten. Sie besagt, dass die starke Kopplungskonstante (eine Größe, die die Stärke der Wechselwirkung angibt) bei sehr hohen Energien schwach wird. Das bedeutet, dass Quarks und Gluonen sich bei extrem hohen Energien fast wie freie Teilchen verhalten.

Die schwache Wechselwirkung: Zerfallsprozesse

Die schwache Wechselwirkung, auch als schwache Kernkraft bezeichnet, ist für verschiedene Zerfallsprozesse verantwortlich, darunter den radioaktiven Zerfall, bei dem instabile Kerne in stabilere Zustände übergehen. Auch in der frühen Geschichte des Universums spielt die schwache Wechselwirkung eine entscheidende Rolle, da sie für die sogenannte „Neutronenzerfall-Asymmetrie" verantwortlich ist, die das Verhältnis von Protonen zu Neutronen im Universum beeinflusst hat.

Im Folgenden finden Sie einige Fakten zur schwachen Wechselwirkung:

- Die schwache Wechselwirkung wird durch die Vermittlung von zwei Vermittlerteilchen, den **W- und Z-Bosonen**, übertragen. Wie Sie bereits wissen, haben die W- und Z-Bosonen eine relativ große Masse im Vergleich zu den Photonen und Gluonen der elektromagnetischen und starken Kräfte.

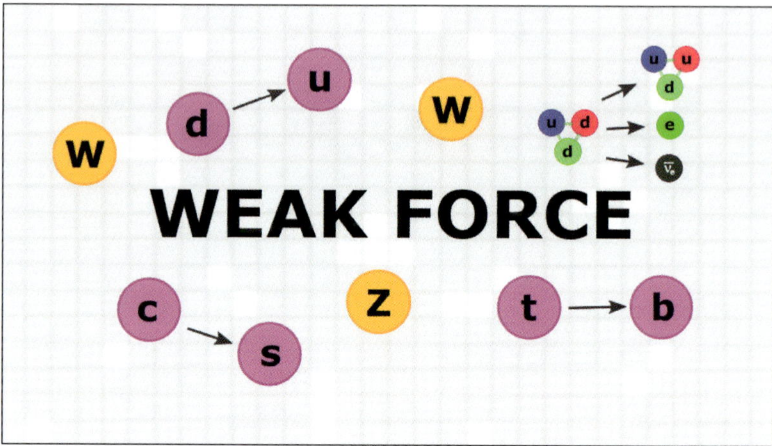

- Eine wichtige Eigenschaft der schwachen Wechselwirkung ist die Möglichkeit, **Flavouränderungen** bei den Teilchen zu verursachen. Das bedeutet, dass Quarks und Leptonen während bestimmter Zerfallsprozesse ihre Art oder „Flavour" ändern können. Beispielsweise können Neutronen in Protonen zerfallen, indem ein Down-Quark in ein Up-Quark umgewandelt wird, wobei ein W^--Boson ausgetauscht wird. Stellen Sie sich wieder vor, Quarks sind wie die Bausteine, aus denen Neutronen und Protonen gemacht sind. Ein Down-Quark ist eine Art von Baustein und ein Up-Quark ist eine andere Art. Manchmal passiert dann Folgendes: Das Down-Quark in einem Neutron wird ein bisschen müde und möchte in ein Up-Quark wechseln. Aber es kann das nicht einfach so tun, es braucht Hilfe. Hier kommt das W^--Boson ins Spiel. Das W^--Boson, wie Sie bereits wissen, ist ein Austausch-Teilchen. Es hilft dem müden Down-Quark, sich in ein Up-Quark zu verwandeln. Es ist wie ein Helfer, der den Wechsel ermöglicht. Während dieses Prozesses wird das Down-Quark ein Up-Quark und das W^--Boson wird ausgetauscht, um das zu ermöglichen. Und so verwandelt sich ein Neutron in ein Proton.

- Die schwache Wechselwirkung ist **10^{11}-mal schwächer** als die starke Wechselwirkung.

Die elektromagnetische Wechselwirkung: Elektrizität und Magnetismus

Die elektromagnetische Wechselwirkung ist von grundlegender Bedeutung für das Verständnis der Struktur der Materie, der Eigenschaften von Atomen und Molekülen, der Chemie und Elektronik. Sie ermöglicht auch die Erzeugung von Elektrizität und Magnetismus, was eine wichtige Rolle in unserem Alltag spielt.

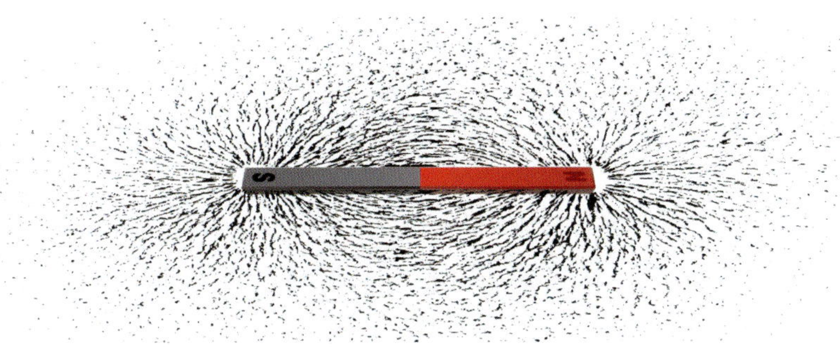

Im Folgenden finden Sie einige Fakten zur elektromagnetischen Wechselwirkung:

- Die elektromagnetische Wechselwirkung wird durch **Photonen** vermittelt, die Teilchen des elektromagnetischen Feldes sind. Photonen sind masselos und bewegen sich mit Lichtgeschwindigkeit, was die elektromagnetische Wechselwirkung zu einer der weitreichendsten Kräfte macht.
- Die elektromagnetische Wechselwirkung wirkt zwischen Teilchen, die **elektrische Ladungen** tragen. Teilchen mit gleichen elektrischen Ladungen stoßen sich ab, während Teilchen mit entgegengesetzten Ladungen angezogen werden. Dies ist der Mechanismus, der Atome zusammenhält und chemische Reaktionen ermöglicht.

- Elektrische Ladungen erzeugen ein **elektrisches Feld** um sich herum. Bewegte Ladungen erzeugen zusätzlich ein **Magnetfeld**. Diese Felder wirken auf andere geladene Teilchen und verursachen die elektromagnetische Wechselwirkung.
- Elektromagnetische Wechselwirkung manifestiert sich auch in Form von Licht und **elektromagnetischer Strahlung**, wie Radio- und Mikrowellen, Infrarot, sichtbarem Licht, Ultraviolett, Röntgenstrahlen und Gammastrahlen. Diese verschiedenen Formen von Strahlung sind unterschiedlich energetisch und haben unterschiedliche Wechselwirkungen mit Materie.
- Die Gesetze der elektromagnetischen Wechselwirkung werden durch die **Maxwell-Gleichungen** beschrieben, die die Beziehung zwischen elektrischen und magnetischen Feldern sowie die Erzeugung und Ausbreitung elektromagnetischer Strahlung erklären.

Die Gravitation

Da alle Elementarteilchen der Gravitation unterliegen und ihre Stärke im Vergleich zu den anderen Kräften extrem gering ist, wird die Gravitation in der Teilchenphysik vernachlässigt.

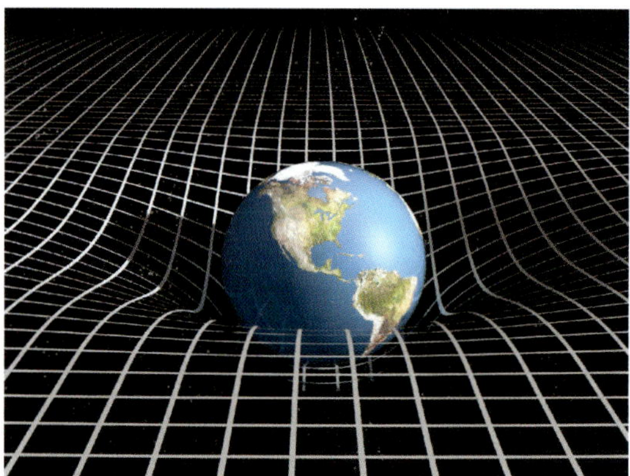

Im Folgenden finden Sie dennoch einige Fakten zur Gravitation:

- Gravitation ist eine **allgegenwärtige Kraft**, die überall im Universum wirkt. Sie bestimmt die Struktur und Bewegung von Galaxien, Sternen und Planeten. Sie sorgt dafür, dass Objekte im Universum geordnet sind und bestimmte Bahnen um größere Massen einschlagen.

- Gravitation verursacht eine **Anziehungskraft zwischen allen Massen** im Universum. Diese Anziehungskraft ist direkt proportional zur Masse der Objekte und umgekehrt proportional zum Quadrat des Abstands zwischen ihnen. Das bedeutet, je größer die Massen sind und je näher sie sich sind, desto stärker ist die Anziehungskraft.
- Im Gegensatz zu anderen Kräften gibt es **keine negativen Massen**, die abstoßende gravitative Kräfte erzeugen könnten. Alle Massen ziehen sich aufgrund der Gravitation an. Die Gravitation wird durch die **Allgemeine Relativitätstheorie von Albert Einstein** am besten beschrieben. Diese Theorie besagt, dass Massen Raum und Zeit krümmen und so die Bewegung von Objekten in ihrer Umgebung beeinflussen. Die Krümmung des Raums wird als Gravitationsfeld interpretiert. Stellen Sie sich vor, dass Raum und Zeit wie eine riesige Matratze sind, die sich verbiegt, wenn Sie schwere Dinge darauf legen, und diese Krümmung beeinflusst, wie Dinge sich bewegen. Die Krümmung wird Gravitationsfeld genannt und sie erklärt, warum Objekte in der Nähe von massereichen Dingen wie Planeten oder Sternen eine bestimmte Bewegung haben.
- Unter extremen Bedingungen, wie bei sehr großen Massen, kann die Krümmung des Raums so stark sein, dass eine sogenannte „**Raumzeit-Singularität**“ entsteht, was zu einem Phänomen wie einem Schwarzen Loch führt.

Testen Sie nun Ihr Wissen!

1. **Frage:** Welche Kraft hält die Elektronen um den Atomkern?
   - O a) Gravitationskraft
   - O b) elektromagnetische Kraft
   - O c) starke Kernkraft
2. **Frage:** Welche der folgenden Kräfte ist die schwächste, wirkt aber über unendliche Entfernungen?
   - O a) elektromagnetische Kraft
   - O b) schwache Kernkraft
   - O c) Gravitationskraft
3. **Frage:** Welche Kraft ist für den Zusammenhalt von Protonen und Neutronen im Atomkern verantwortlich?
   - O a) elektromagnetische Kraft
   - O b) schwache Kernkraft
   - O c) starke Kernkraft
4. **Frage:** Welche Kraft ist verantwortlich für den Fall eines Apfels von einem Baum?
   - O a) elektromagnetische Kraft
   - O b) schwache Kernkraft
   - O c) Gravitationskraft
5. **Frage:** Welche der Grundkräfte ist für den radioaktiven Zerfall verantwortlich?
   - O a) elektromagnetische Kraft
   - O b) schwache Kernkraft
   - O c) starke Kernkraft

Antworten:

1. b) elektromagnetische Kraft
2. c) Gravitationskraft
3. c) starke Kernkraft
4. c) Gravitationskraft
5. b) schwache Kernkraft

Quantenobjekt Photon

Steckbrief:

Entdeckung/Nachweis: Albert Einstein, 1905

Symbol: γ („gamma")

Masse: masselos (0 MeV/c^2)

Ladungszahl (elektrisch)**:** 0

Ladungszahl (schwach)**:** 0

Farbladungsvektor: farblos

mittl. Lebensdauer: unbegrenzt

mittl. Reichweite: unbegrenzt

Photonen sind die Quanten der elektromagnetischen Strahlung und können verschiedene Energiezustände haben, was zu verschiedenen Arten von Strahlung wie sichtbarem Licht, Röntgenstrahlung und Radiostrahlung führt.

Einordnung als Elementarteilchen

Zur Erinnerung: Das Photon als Elementarteilchen gehört zu den Bosonen, den Austauschteilchen der vier fundamentalen Kräfte, die im Universum wirken. Das Photon ist dabei das Austauschteilchen, sozusagen der „Bote" der elektromagnetischen Wechselwirkung, und damit die kleinste Einheit der elektromagnetischen Strahlung.

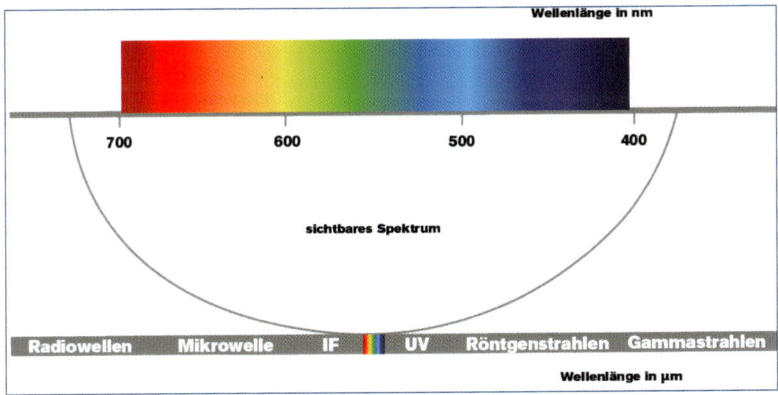

Was ist die elektromagnetische Strahlung?

Elektromagnetische Strahlung ist eine nicht sichtbare Energie, die sich in Form von Wellen durch den Raum bewegt. Diese Strahlung kommt in einem Spektrum von niedriger Energie (wie Radiowellen) bis zu hoher Energie (wie Röntgen- und Gammastrahlen) vor. Eine kurze Wellenlänge und eine hohe Frequenz ist dabei ein Hinweis auf hochenergetische Photonen, während Photonen mit längerer Wellenlänge und niedriger Frequenz weniger Energie besitzen. Auch das Licht ist Bestandteil der elektromagnetischen Strahlung, umfasst aber nur einen sehr geringen Teil. Licht, Radio, Mikrowellen, Infrarotwärme, ultraviolette Strahlung und Röntgenstrahlen gehören ebenfalls in die Kategorie der elektromagnetischen Strahlung.

Entstehung

Es gibt vier mögliche Szenarien, wie Photonen entstehen können:

- der Quantensprung
- die Annihilation
- Entstehung durch nukleare Übergänge wie Kernfusion oder Kernspaltung
- Entstehung durch das Abbremsen von Teilchen

Der Quantensprung

Photonen können durch einen Quantensprung entstehen, indem ein Elektron in einem Atom von einem niedrigeren Energiezustand zu einem höheren Energiezustand springt und dann wieder zurückfällt. Fällt das Elektron auf ein niedrigeres Energielevel zurück, wird die überschüssige Energie in Form von Photonen frei.

Stellen Sie sich dafür ein Elektron in einem Atom vor, das normalerweise in einem bestimmten Energiezustand, also auf einer bestimmten Bahn, um den Atomkern kreist, ähnlich wie ein Planet, der um die Sonne kreist. Folgende Zustände des Elektrons sind in einem solchen Fall möglich:

- **Niedriger Energiezustand:** Das Elektron kann sich auf einer niedrigeren Energiebahn befinden. Ein niedriges Energieniveau wird dadurch verdeutlicht, dass sich das Elektron näher am Atomkern befindet, also auf einer Bahn nahe des Atomkerns kreist. In diesem Zustand hat das Elektron eine geringere Energie.

- **Quantensprung in ein höheres Energieniveau:** Wenn dem Elektron zusätzliche Energie zugeführt wird, kann es von seinem niedrigeren Energiezustand zu einem höheren Energiezustand springen. Dieser Sprung wird als „Quantensprung“ bezeichnet. Man kann sich vorstellen, dass das Elektron auf eine vom Atomkern entferntere Bahn springt. Das Elektron hat jetzt mehr Energie.

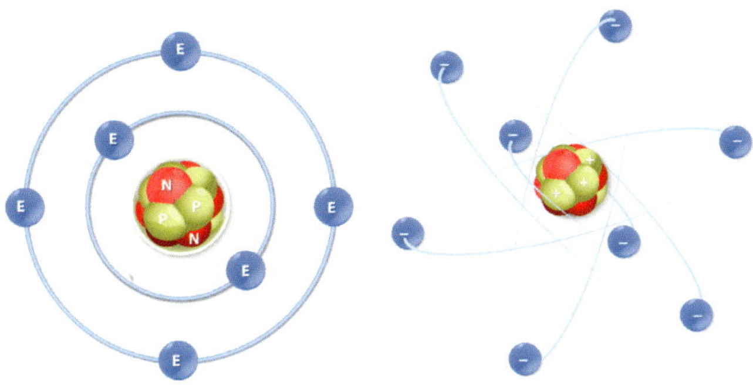

- **Emission eines Photons:** Das Elektron kann nicht lange in diesem höheren energetischen Zustand bleiben und fällt bald wieder auf sein niedrigeres Energieniveau und damit auf seine Bahn nahe des Atomkerns zurück. Wenn dies geschieht, gibt es die überschüssige Energie in Form eines Photons ab.
- **Lichtausstrahlung:** Das emittierte Photon kann sichtbares Licht sein, wenn der Sprung im sichtbaren Bereich des elektromagnetischen Spektrums stattfindet. Andernfalls kann es auch Infrarot, Ultraviolett oder eine andere Form elektromagnetischer Strahlung annehmen. Das ist abhängig davon, wie groß der Energieunterschied zwischen den beiden Elektronenzuständen ist.

Info:

Wenn ein Objekt Licht oder andere Arten von Strahlung aussendet, sagt man, dass es diese Strahlung ***emittiert***. „Emittieren" bedeutet also das Aussenden von Energie in Form von Strahlung, seien es Licht, Wärme oder andere elektromagnetische Wellen.

Die Annihilation

Die Entstehung von Photonen durch Annihilation ist ein Prozess, bei dem ein Teilchen und sein Antiteilchen zusammenfinden und sich zu einem Photon umwandeln. Zur Erinnerung: In der Welt der Elementarteilchen gibt es Teilchen und ihre Antiteilchen. Antiteilchen haben die gleiche Masse wie ihre entsprechenden Teilchen, aber entgegengesetzte Ladungen. Zum Beispiel hat ein Elektron eine negative Ladung, während sein Antiteilchen, das Positron, eine positive Ladung hat (für weitere Informationen lesen Sie im Kapitel „Elementarteilchen").

Annihilation: Wenn ein Teilchen auf sein Antiteilchen trifft, können sie miteinander „annihilieren". Stellen Sie sich vor, Teilchen und ihre Antiteilchen sind wie Helden und Antihelden, die gegensätzliche elektrische Ladungen haben. Wenn ein Elektron auf ein Positron trifft, passiert etwas Besonderes – es ist, als ob sie sich umarmen und verschwinden. Diese „Umarmung" nennt man Annihilation. Während dieses Prozesses verschwinden das Elektron und das Positron und an ihrer Stelle entstehen Photonen. Es ist, als ob die beiden Gegenspieler sich in Licht auflösen.

Nach der Annihilation sind also keine Materieteilchen mehr vorhanden und sie haben ihre Masse und ihre Energie in Form von Photonen abgegeben.

Dieser Prozess der Annihilation ist ein Beispiel für die Umwandlung von Materie in Energie, wie sie in der speziellen Relativitätstheorie von Albert Einstein beschrieben wird ($E = mc^2$). Es ist auch ein wichtiger Prozess in der Teilchenphysik und in der Astronomie, da er dazu beiträgt, zu verstehen, wie Energie in Form von Licht im Universum erzeugt wird, insbesondere in Phänomenen wie den Gammastrahlenausbrüchen und in Teilchenbeschleunigern auf der Erde.

Kernfusion und Kernspaltung

Als Kernfusion bezeichnet man den Prozess, bei dem leichte Atomkerne zu schwereren Atomkernen verschmelzen. Dabei werden große Mengen an Energie frei. Ein bekanntes Beispiel ist die Fusion in der Sonne von Wasserstoffkernen oder seinen Isotopen zu Heliumkernen. Während dieses Prozesses werden Neutronen und auch Photonen, insbesondere in Form von hochenergetischen Gammastrahlen, freigesetzt. Diese Photonen werden aus dem Inneren der Sonne ausgestrahlt, verlieren Teile ihrer Energie auf dem Weg und erreichen schließlich die Erde als sichtbares Licht und Wärme.

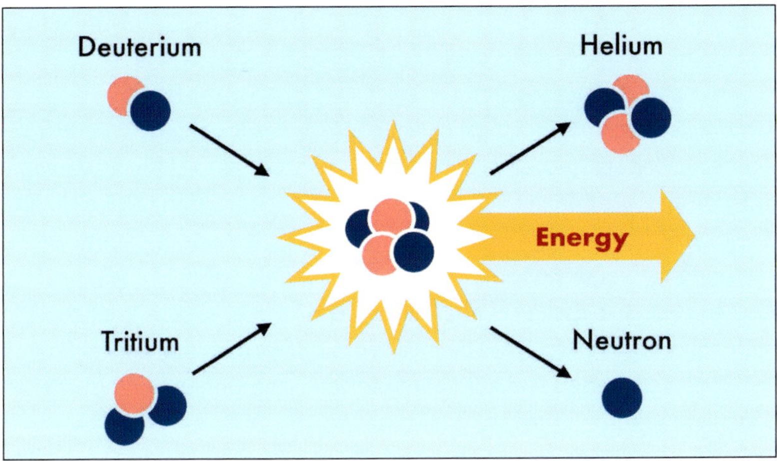

Isotope: Isotope sind unterschiedliche Varianten eines bestimmten chemischen Elements, die sich in ihrer Anzahl der Neutronen im Atomkern unterscheiden, während sie die gleiche Anzahl an Protonen (und damit die gleiche chemische Identität) haben. Isotope sind daher verschiedene Versionen desselben Atoms, die sich nur durch die Anzahl der Neutronen unterscheiden. Es ist ein bisschen wie verschiedene Mitglieder derselben Familie, die alle denselben Nachnamen haben, aber leicht unterschiedlich sind.

Diese zusätzlichen Neutronen können die Masse des Atomkerns erhöhen, ohne die chemischen Eigenschaften des Elements wesentlich zu verändern. Ein häufiges Beispiel ist das Wasserstoffatom, das in drei stabilen Isotopen vorkommt:

- Wasserstoffatom, auch Protium (1 Proton im Kern) genannt,
- Deuterium (1 Proton und 1 Neutron im Kern) und
- Tritium (1 Proton und 2 Neutronen im Kern).

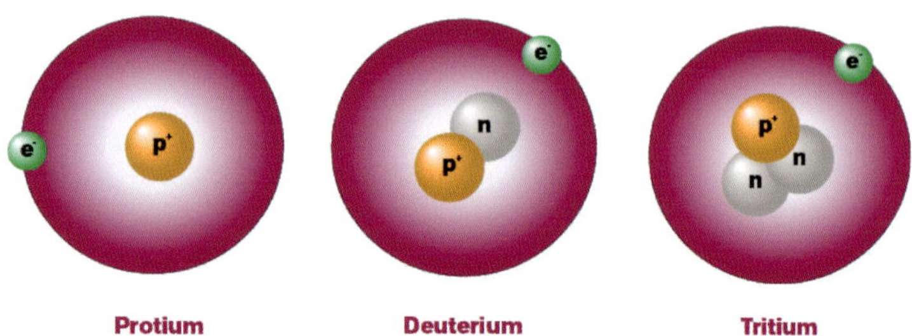

Alle drei Isotope haben die gleiche chemische Reaktivität wie Wasserstoff, unterscheiden sich jedoch in ihrer Atommasse. Ein Beispiel für die Verwendung von Isotopen ist – beispielsweise in der Archäologie – die Radiokarbondatierung, auch als Radiokarbonmethode bekannt. Diese Methode verwendet das radioaktive Isotop Kohlenstoff-14 (^{14}C), um das Alter von archäologischen Funden wie Holzstrukturen, antiken Textilien oder menschlichen Überresten zu bestimmen. Sie trägt dazu bei, ein genaueres zeitliches Verständnis vergangener Kulturen zu gewinnen und historische Ereignisse zu rekonstruieren.

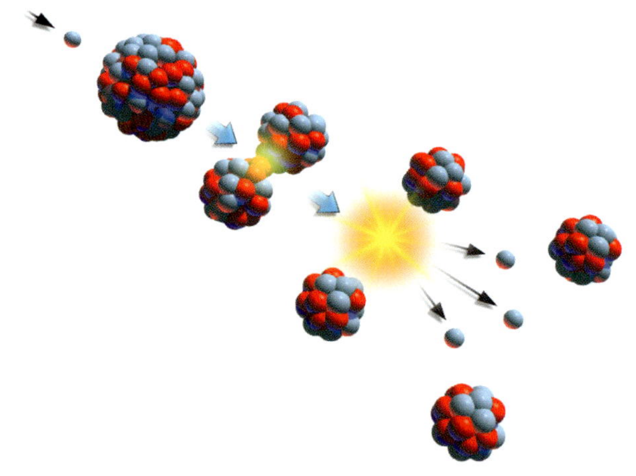

Bei der Kernspaltung wird ein schwerer Atomkern, wie beispielsweise Uran-235 oder Plutonium-239, in kleinere Kerne gespalten. Dieser Prozess setzt ebenfalls große Mengen an Energie frei. Die freigesetzte Energie stammt aus der Umwandlung von Masse in Energie gemäß Einsteins berühmter Gleichung $E = mc^2$.
Während der Kernspaltung werden nicht nur neue Kerne erzeugt, sondern auch Neutronen freigesetzt. Diese Neutronen können auf andere Atomkerne treffen und sie spalten, wodurch weitere Neutronen und Energie freigesetzt werden. Ein Teil dieser freigesetzten Energie manifestiert sich in Form von Photonen, hauptsächlich als sehr energiereiche Gammastrahlung.

In beiden Fällen werden Photonen in Form von Gammastrahlen freigesetzt, da diese Prozesse enorme Energieniveauänderungen in den Atomkernen mit sich bringen. Diese Photonen tragen die freigesetzte Energie fort und können für verschiedene Zwecke genutzt werden. Kernkraftwerke machen sich beispielsweise diese erzeugte Energie zunutze, um Elektrizität zu erzeugen.

Das Abbremsen von Teilchen

Photonen können auch durch das Abbremsen von geladenen Teilchen erzeugt werden. Dieser Prozess wird als „Bremsstrahlung“ oder „Synchrotronstrahlung“ bezeichnet, je nachdem, in welchem physikalischen Kontext er auftritt. Stellen Sie sich vor, ein Elektron ist wie ein flinkes Auto, das gebremst wird. Wenn das Elektron langsamer wird, gibt es Licht ab, ähnlich wie Bremslichter an einem Auto. Das Licht, das dabei entsteht, nennt man Bremsstrahlung:

- Wenn ein geladenes Teilchen (z. B. ein Elektron oder ein Proton) durch ein Material bewegt wird und dabei seine Geschwindigkeit verlangsamt oder beschleunigt, kann es Energie in Form von Photonen abstrahlen. Dieser Prozess wird als Bremsstrahlung bezeichnet.
- Das abgestrahlte Photon trägt dabei die Energie, die das Teilchen während des Abbremsens verloren hat. Die Energie des Photons hängt von der Intensität des Abbremsvorgangs und der Geschwindigkeit des Teilchens ab.
- Ein häufiges Beispiel für Bremsstrahlung ist die Röntgenstrahlung. Wenn schnelle Elektronen durch ein Material, wie beispielsweise

eine Röntgenröhre, abgebremst werden, erzeugen sie Photonen im energetischen Bereich der ***Röntgenstrahlung***, um beispielsweise im medizinischen Bereich Bilder des Körperinneren zu machen.

Exkurs Röntgenstrahlung

Medizinische Bildgebung: Mit Röntgenaufnahmen können Ärzte das Innere des Körpers sichtbar machen, ohne invasive Eingriffe durchführen zu müssen. Dies ermöglicht die Diagnose und Überwachung von Knochenbrüchen, Lungenerkrankungen, Krebs, Zahnproblemen und vielem mehr.

Materialprüfung: In der Materialforschung und -prüfung werden Röntgenstrahlen verwendet, um die innere Struktur von Materialien, insbesondere Metallen und Legierungen, zu untersuchen. Dies ist entscheidend für die Qualitätskontrolle von Produkten, die Erkennung von Rissen oder Defekten in Bauteilen und die Materialanalyse.

Strahlentherapie: Röntgenstrahlen werden in der Strahlentherapie eingesetzt, um Krebs zu behandeln. Sie können dazu verwendet werden, bösartige Tumore gezielt zu bestrahlen und zu zerstören, während das umgebende Gewebe geschont wird.

Flughafensicherheit: Röntgenstrahlen werden in Sicherheitsscannern an Flughäfen verwendet, um Gepäck und Passagiere auf verdächtige Gegenstände zu überprüfen, ohne das Gepäck zu öffnen.

- Stellen Sie sich nun vor, Sie haben ein superschnelles Fahrrad mit einem leuchtenden Licht an der Vorderseite. Wenn Sie um die Kurve fahren, strahlt das Licht seitlich ab. Ähnlich funktioniert Synchrotronstrahlung: In Teilchenbeschleunigern, wie dem Large Hadron Collider (LHC) am CERN, werden geladene Teilchen auf nahezu Lichtgeschwindigkeit beschleunigt. Wenn diese Teilchen in einem ringförmigen Beschleuniger zirkulieren, emittieren sie kontinuierlich Synchrotronstrahlung.
- Die Synchrotronstrahlung entsteht, wenn die geladenen Teilchen aufgrund ihrer gekrümmten Bahn um den Ring ständig beschleunigt werden. Diese Beschleunigung führt zur Abstrahlung von Photonen in einem breiten Spektrum von Energien, von Infrarot- bis zur Röntgenstrahlung.

- Synchrotronstrahlung wird in Forschungseinrichtungen für eine Vielzahl von Anwendungen genutzt, darunter Materialforschung, ***Strukturanalyse von Biomolekülen*** und Studien zur subatomaren Physik.

Exkurs Strukturanalyse von Biomolekülen

Medizin und Arzneimittelforschung: Die Kenntnis der dreidimensionalen Struktur von Biomolekülen wie Proteinen und Enzymen ist entscheidend für das Verständnis ihrer Funktion. Dies ist von großer Bedeutung in der Arzneimittelforschung, da viele Medikamente so entwickelt werden, dass sie gezielt mit bestimmten Biomolekülen interagieren und so Krankheiten behandelt werden können. Die Strukturanalyse ermöglicht also die gezielte Entwicklung von Arzneimitteln.

Biotechnologie: In der Biotechnologie werden Biomolekülstrukturen verwendet, um Produkte herzustellen oder biochemische Prozesse zu optimieren. Ein Beispiel ist die Herstellung von Enzymen für industrielle Anwendungen oder die Entwicklung von biotechnologisch hergestellten Arzneimitteln wie Insulin.

Lebensmittelindustrie: Die Strukturanalyse von Biomolekülen ist wichtig, um die Zusammensetzung von Lebensmitteln zu verstehen und zu optimieren. Dies kann die Entwicklung von gesünderen Lebensmitteln und die Verlängerung der Haltbarkeit von Produkten optimieren.

Umweltschutz: Sie ermöglicht weiterhin die Untersuchung von Umweltauswirkungen auf biologische Systeme, z. B. die Auswirkungen von Schadstoffen auf Biomoleküle in Organismen.

Diagnostik und Krankheitsforschung: Die Strukturanalyse ist unter anderem auch wichtig für die Entwicklung von diagnostischen Werkzeugen und Tests. Sie hilft auch bei der Erforschung von Krankheiten und der Identifizierung von Biomarkern.

Eigenschaften

Neben der Einordnung als Elementarteilchen und der Entstehung des Photons können Sie sich nun noch einmal genauer die Eigenschaften der Photonen ansehen: Geschwindigkeit, Masse, Durchmesser, Energie, Impuls und zuletzt den Spin.

Geschwindigkeit

Photonen bewegen sich mit Lichtgeschwindigkeit. Diese Geschwindigkeit beträgt etwa 299.792.458 Meter pro Sekunde in einem Vakuum. Das entspricht ungefähr 186.282 Meilen pro Sekunde oder rund 671 Millionen Meilen pro Stunde.

Die Lichtgeschwindigkeit ist die höchste Geschwindigkeit, die in unserer physikalischen Realität erreicht werden kann. Die Konstanz der Lichtgeschwindigkeit im Vakuum ist ein fundamentales Prinzip der Physik und wurde erstmals von Albert Einstein in seiner speziellen Relativitätstheorie postuliert. Gemäß dieser Theorie bewegt sich Licht im Vakuum immer mit derselben Geschwindigkeit, unabhängig von der Geschwindigkeit des Beobachters oder der Quelle des Lichts. Dies hat weitreichende Auswirkungen auf unser Verständnis von Raum und Zeit, denn wenn die Geschwindigkeit des Lichts konstant bleibt, müssen Raum und Zeit flexibel sein, damit alles zusammenpasst. Dies führt zu Ideen wie Zeitdilatation, bei der Zeit für jemanden, der sich mit hoher Geschwindigkeit bewegt, anders zu vergehen scheint als für jemanden, der ruht.

Masse

Photonen sind, wie Sie bereits wissen, masselose Teilchen, das bedeutet auch, sie haben keine Ruhemasse. In der speziellen Relativitätstheorie von Albert Einstein hat jedes Teilchen eine sogenannte Ruhemasse, diese beschreibt die Masse der Teilchen im Ruhezustand. Ein Beispiel für Teilchen mit Ruhemasse sind Elektronen, Protonen und Neutronen.

Für Photonen bedeutet das, dass sie, selbst, wenn sie sich ***nicht*** bewegen, ***keine*** Masse haben. Sie bestehen nur aus Energie, die sich in Form von elektromagnetischer Strahlung ausbreitet. Diese Masselosigkeit ist ein Grund dafür, warum sie sich mit der Lichtgeschwindigkeit im Vakuum bewegen können.

Die Masselosigkeit der Photonen hat wichtige Konsequenzen in der Physik. Zum Beispiel erfahren sie keine gravitative Anziehungskraft. Das bedeutet, dass sie sich immer geradeaus bewegen und nicht von der Schwerkraft abgelenkt werden. Ausnahme davon ist der **Gravitationslinieneffekt**. Passieren Photonen ein massives Objekt wie die Sonne, werden sie durch die Krümmung der Raumzeit abgelenkt.

Gravitationslinseneffekt: Der Gravitationslinseneffekt ist ein Phänomen, das auftritt, wenn Licht von einem weit entfernten Objekt auf seinem Weg durch die Gravitationskraft eines massereichen Objekts abgelenkt wird. Dies kann beispielsweise zu optischen Täuschungen führen, bei welchen Sie Dinge sehen, die sich in Wirklichkeit hinter dem massereichen Objekt befinden.

Stellen Sie sich vor, Sie schauen auf einen Stern, der sich hinter der Sonne befindet. Die Sonne hat eine starke Gravitationskraft, da sie sehr massereich ist. Diese Gravitationskraft kann das Licht des Sterns ablenken, sodass es auf seinem Weg zur Erde abgelenkt und um die Sonne herum geleitet wird. Dadurch erscheint der Stern an einem anderen Ort am Himmel, als er es ohne die Sonne tun würde.

Dieses Phänomen kann genutzt werden, um schwere Objekte im Weltraum zu studieren. Es erlaubt, die Ablenkung des Lichts zu berechnen und so Informationen über die Masse und Verteilung der massereichen Objekte zu gewinnen. Der Gravitationslinseneffekt ist ein faszinierendes Beispiel für die Wechselwirkung von Gravitation und Licht und hat wichtige Anwendungen in der Astronomie und Kosmologie.

Durchmesser

Die Idee eines Durchmessers oder einer räumlichen Ausdehnung wird in der Quantenphysik komplizierter, wenn man von der Wellen-Teilchen-Dualität spricht. Wie Sie bereits wissen, zeigen Photonen sowie Elektronen sowohl Teilcheneigenschaften als auch Welleneigenschaften. In Wellenform können sie eine bestimmte räumliche Ausdehnung haben, die durch ihre Wellenlänge charakterisiert wird. Die Teilchen werden in der Quantenmechanik oft aber als Punktpartikel modelliert, was bedeutet, dass sie keine messbare Größe im Sinne eines Durchmessers oder einer räumlichen Ausdehnung haben.

Es ist wichtig, zu beachten, dass die quantenmechanische Natur von Photonen und anderen Elementarteilchen unser intuitives Verständnis der Physik auf subatomarer Ebene oft herausfordert, da sie sich von den Alltagserfahrungen deutlich unterscheidet. Daher sind die Eigenschaften von Photonen oder auch Elektronen am besten in Bezug auf ihre quantenmechanischen Eigenschaften und Wellenlängencharakteristika zu verstehen, anstelle eines klassischen Durchmessers.

Energie

Das Energieniveau eines Photons ist abhängig von zwei Werten:

- Frequenz und
- Wellenlänge.

Eine geringe Wellenlänge und eine hohe Frequenz haben zur Folge, dass das Photon einen hohen Energiegehalt besitzt. Wenn die Frequenz eines Photons hoch ist, bedeutet dies, dass es viele Schwingungen pro Sekunde durchführt, was auf eine höhere Energie hinweist.
Ähnlich ist es mit der Wellenlänge. Wenn die Wellenlänge eines Photons kurz ist, bedeutet dies, dass die Wellen sehr nahe beieinander liegen, was ebenfalls auf eine höhere Energie hinweist. Die Energie eines einzelnen Photons (E) kann mit folgender Formel berechnet werden:

$$E = h \times f$$

- E = die Energie des Photons
- h = das Plancksche Wirkungsquantum, die fundamentale Konstante in der Physik, die etwa 6,626 x 10^-34 Joule-Sekunden beträgt
- f = die Frequenz des Photons

Diese Gleichung zeigt, dass die Energie eines Photons direkt proportional zu seiner Frequenz ist. Photonen mit höherer Frequenz haben mehr Energie als solche mit niedrigerer Frequenz. Das bedeutet, dass Photonen im ultravioletten oder Röntgenbereich des elektromagnetischen Spektrums mehr Energie haben als Photonen im sichtbaren Lichtbereich oder im Radiowellenbereich.

Impuls

Der Impuls eines Photons ist eng mit seiner Energie und seiner Wellenlänge verknüpft. Er beschreibt den Bewegungszustand und kann mit folgender Formel berechnet werden:

$$p = E / c$$

- p = der Impuls des Photons
- E = die Energie des Photons
- c = die Lichtgeschwindigkeit im Vakuum, etwa 299.792.458 Meter pro Sekunde

Diese Gleichung zeigt, dass der Impuls eines Photons proportional zu seiner Energie ist und umgekehrt proportional zur Lichtgeschwindigkeit. Das bedeutet, dass Photonen mit höherer Energie auch einen höheren Impuls haben. Die Gleichung soll also zeigen, dass die Menge an Schwung oder „Impuls", den dieses Photon hat, direkt mit seiner Energie verknüpft ist. Je mehr Energie dieses Lichtteilchen hat, desto mehr Schwung hat es auch. Allerdings gibt es einen Haken: Je schneller das Photon sich bewegt, desto weniger Schwung bekommt es pro zusätzlicher Einheit Energie.

Da sich Photonen immer mit der Lichtgeschwindigkeit im Vakuum (c) bewegen, können ihre Impulse je nach ihrer Energie variieren. Dies ist ein wichtiger Aspekt in der Quantenmechanik und der Teilchenphysik, da der Impuls eines Photons dazu verwendet werden kann, den Druck von Licht auf Oberflächen oder Teilchen zu beschreiben. Dieses Phänomen ist als **Strahlungsdruck** bekannt und wird in verschiedenen Anwendungen, einschließlich der Weltraumforschung und der Lasertechnologie, genutzt.

Strahlungsdruck: Der Strahlendruck, auch bekannt als Photonendruck oder Lichtdruck, ist eine physikalische Kraft, die von Photonen auf Materie ausgeübt wird. Dieser Effekt basiert auf der Tatsache, dass Licht aus Photonen besteht, die Energie tragen. Der Strahlendruck entsteht, wenn Photonen auf eine Oberfläche oder ein Objekt treffen und dort reflektiert, absorbiert oder gestreut werden. Strahlungsdruck ist wie ein unsichtbarer Druck, den das Licht der Sonne auf Oberflächen ausübt, wenn es auf sie trifft, ähnlich wie ein sanfter Wind, der durch Licht erzeugt wird.

Exkurs Strahlungsdruck

Lichtschieber (radiometrisches Segel)**:** Der Strahlendruck kann dazu verwendet werden, kleine Objekte im Weltraum zu bewegen. Ein radiometrisches Segel ist ein Beispiel für eine Raumsonde, die durch den Strahlendruck von Sonnenlicht angetrieben wird. Die Photonen, die von der Sonne ausgehen, erzeugen einen winzigen Druck auf die Oberfläche des Segels, der ausreicht, um es zu beschleunigen.

Ablenkung von Kometenschweifen: Wenn sich Kometen der Sonne nähern, erwärmt sich das Eis und erzeugt einen Schweif aus Gas und Staub. Der Strahlendruck der Sonne drückt auf diese Materialien und kann den Schweif in die entgegengesetzte Richtung zur Sonne drücken.

Optische Pinzetten: In der optischen Physik werden Laserstrahlen verwendet, um winzige Partikel einzufangen und zu manipulieren. Der Strahlendruck des Laserlichts erzeugt eine Art „Pinzette", mit der Forscher Mikropartikel präzise bewegen können.

Spin

Der Spin eines Photons ist eine wichtige Eigenschaft dieses Elementarteilchens. Zur Erinnerung: Photonen haben einen Spin von eins. Der Spin eines Teilchens kann in ganzzahligen oder halbzahligen Einheiten gemessen werden. Photonen gehören also zu den Teilchen mit einem ganzzahligen Spin. Der Spin eines Photons ist daher als „Spin 1" bekannt.

Testen Sie nun Ihr Wissen!

1. **Frage:** Was ist ein Photon?
   - O a) ein kleiner Roboter
   - O b) ein Teilchen des Lichts
   - O c) ein elektrisches Gerät
2. **Frage:** Welche Eigenschaften hat ein Photon?
   - O a) Es hat Masse und Ladung.
   - O b) Es hat keine Masse und keine Ladung.
   - O c) Es hat nur Masse.
3. **Frage:** Wie bewegt sich ein Photon?
   - O a) langsam und geradlinig
   - O b) schnell und chaotisch
   - O c) mit Lichtgeschwindigkeit und geradlinig
4. **Frage:** Welche Farbe zeigt ein Photon mit niedriger Energie?
   - O a) blau
   - O b) rot
   - O c) grün
5. **Frage:** Was passiert, wenn ein Photon auf ein Elektron trifft und dieses Elektron das Photon absorbiert?
   - O a) Das Elektron wird langsamer.
   - O b) Das Elektron wird schneller.
   - O c) Das Elektron springt auf ein höheres Energieniveau.

Antworten:

1. b) ein Teilchen des Lichts
2. b) Es hat keine Masse und keine Ladung.
3. c) mit Lichtgeschwindigkeit und geradlinig
4. b) rot
5. c) Das Elektron springt auf ein höheres Energieniveau.

Quantenobjekt Elektron

Steckbrief:

Nachweis: J. J. Thomson

Symbol: e–

Masse: 511 keV/c^2

Ladungszahl (elektrisch)**:** -1

Ladungszahl (schwach)**:** -1/2

Farbladungsvektor: farblos

mittl. Lebensdauer: unbegrenzt

Elektronen sind die grundlegenden Bausteine von Elektrizität und Materie. Sie tragen eine negative elektrische Ladung und spielen eine entscheidende Rolle in der Bildung von Atomen, chemischen Reaktionen und der Leitung von Strom in elektrischen Schaltkreisen.

Einordnung als Elementarteilchen

Das Elektron als Elementarteilchen gehört zu der Gruppe der Leptonen, welche wiederum neben den Austauschteilchen zu den Materieteilchen gehören und damit die grundlegenden Bausteine der Materie darstellen. Elektronen sind neben Protonen und Neutronen einer der grundlegenden Bestandteile von Atomen. Sie werden in Elektronenhüllen um den Atomkern herum geführt.

Entstehung

Elektronen kommen überall auf der Erde vor, da sie Bestandteil aller Atome und Moleküle sind. Die Entstehung von Elektronen ist also nicht mit der Entstehung von beispielsweise Photonen vergleichbar. Dennoch gibt es Prozesse, bei denen Elektronen aus einem Material oder Atom herausgelöst werden und so freie Elektronen entstehen:

- **Ionisierung:** Elektronen in Atomen können durch verschiedene Energiezufuhrmechanismen (z. B. Erwärmung oder Bestrahlung mit Licht) dazu angeregt werden, in höhere Energieniveaus zu springen. Lösen sich die Elektronen komplett vom Atom, bleiben positiv geladene

Ionen zurück. Dieser Prozess wird Ionisierung genannt. Das bedeutet, wenn ein Elektron entfernt wird, hinterlässt es eine positive Ladung am Atom, da die Anzahl der positiv geladenen Protonen im Kern immer noch größer ist als die Anzahl der Elektronen. Das resultierende positiv geladene Atom wird als Kation bezeichnet und das herausgelöste Elektron wird zu einem freien Elektron. Stellen Sie sich ein Atom wie ein kleines Sonnensystem vor. In der Mitte befindet sich der Atomkern, vergleichbar mit der Sonne, der aus Protonen und Neutronen besteht. Die Elektronen kreisen um den Kern wie Planeten. Ionisierung tritt auf, wenn ein Elektron aus dem Atom herausgeschossen oder „herausgekickt" wird, sodass es nicht mehr um den Kern herumkreist. Das Atom verliert dadurch ein Elektron und wird positiv geladen, da es mehr Protonen im Kern als Elektronen hat. Man könnte es mit einem Planeten vergleichen, der aus unserem Sonnensystem wegfliegt.

- **Photoelektrischer Effekt:** Dieser Effekt tritt auf, wenn Licht auf eine Metalloberfläche fällt und Elektronen aus dem Metall herauslöst. Die Energie der Photonen des einfallenden Lichts muss ausreichend hoch sein, um die Elektronen aus dem Metall zu lösen. Dieser Effekt wird im Verlauf des Buches noch näher erläutert, sehen Sie im Kapitel „Der photoelektrische Effekt".
- **Teilchenreaktionen:** In Teilchenbeschleunigern oder bei Kernreaktionen können Elektronen als Sekundärteilchen in Teilchenreaktionen entstehen. Sie können durch Streuung und Wechselwirkung von Hochenergie-Teilchen erzeugt werden. Es ist, als ob Sie Lego-Steine hätten, die sich zu einem neuen Modell zusammensetzen oder sich in ihre Einzelteile auflösen.

  In manchen Fällen kann während der Streuung ein Teil der kinetischen Energie des ursprünglichen Teilchens auf Elektronen übertragen werden. Diese Elektronen werden als Sekundärteilchen erzeugt und haben aufgrund der Energieübertragung eine beträchtliche kinetische Energie.
- **Radioaktiver Zerfall:** Bei radioaktiven Prozessen zerfallen instabile Atomkerne und geben dabei Elektronen an die Umgebung ab, die als Beta-Teilchen bezeichnet werden. Dieser Prozess wird als Beta-Zerfall bezeichnet. Stellen Sie sich ein instabiles Atom vor, als wäre

es ein unruhiger Wackelturm aus Bauklötzen. Manchmal wird dieses Atom von allein instabil und möchte in eine stabilere Form übergehen. Um das Gleichgewicht wiederherzustellen, wirft es ein Teilchen oder Energie ab.

- **Paarbildung:** Wie Sie bereits wissen, kann ein Photon mit ausreichend hoher Energie in einem hochenergetischen Prozess, wie z. B. Kernreaktion, in ein Elektron und ein Positron umgewandelt werden. Diesen Prozess bezeichnet man als Paarbildung.
- **Thermische Emission:** In heißen Umgebungen, wie Sternen oder heißen Drahtgittern, können Elektronen aufgrund ihrer thermischen Energie in die Umgebung abgestrahlt werden. Thermische Emission tritt auf, wenn ein Objekt Wärme abgibt, normalerweise in Form von Infrarotstrahlung. Wenn die Teilchen in einem Objekt aufgrund ihrer Temperatur in Bewegung sind, geben sie Energie ab. Diese Energie manifestiert sich als Wärmestrahlung. Ein alltägliches Beispiel dafür ist die Glut eines heißen Metallstücks. Wenn das Metall heiß ist, gibt es Wärme in Form von Infrarotstrahlung ab, die Sie als Glut sehen können.
- **Elektronenmikroskopie:** In Elektronenmikroskopen werden Elektronen in einer Elektronenquelle erzeugt und gezielt auf ein Objekt fokussiert, um es zu analysieren. Die Elektronenmikroskopie ermöglicht es Wissenschaftlern, Dinge zu sehen, die mit herkömmlichen Mikroskopen nicht sichtbar wären, wie zum Beispiel die Struktur von Zellen, Viren oder sogar einzelnen Atomen.

Eigenschaften

Elektronen besitzen bestimmte Eigenschaften, die ihre einzigartige quantenmechanische Natur ausmachen.

Geschwindigkeit

Die Geschwindigkeit von Elektronen hängt stark von ihrem Energiezustand und den Umständen ab, unter denen sie sich befinden. Elektronen können von extrem geringen Geschwindigkeiten bis zu nahezu Lichtgeschwindigkeit in Teilchenbeschleunigern variieren, abhängig von den Anforderungen ihrer jeweiligen Anwendungen und Experimente. Im Folgenden finden Sie einige Beispiele für Geschwindigkeiten von Elektronen.

- **In Atomen:** In einem Atom bewegen sich Elektronen in sogenannten Orbitalen – dazu erfahren Sie mehr im Kapitel „Quantenzahlen". Ihre Geschwindigkeiten sind abhängig von ihrer Position und Energie im Atom. In diesen Bahnen bewegen sie sich mit Geschwindigkeiten, die oft einem signifikanten Bruchteil der Lichtgeschwindigkeit entsprechen. Dies sind jedoch Geschwindigkeiten auf subatomarer Ebene.
- **Thermische Geschwindigkeiten:** In festen Stoffen und Gasen bei Raumtemperatur bewegen sich Elektronen aufgrund ihrer thermischen Energie mit durchschnittlichen Geschwindigkeiten von einigen hundert bis tausend Metern pro Sekunde. Diese Geschwindigkeiten sind jedoch statistische Durchschnittswerte, da Elektronen aufgrund ihrer zufälligen thermischen Bewegungen keine konstante Geschwindigkeit haben. Stellen Sie sich vor, Elektronen sind wie kleine Bienchen, die ständig umherfliegen. Diese Bienchen verhalten sich jedoch nicht wie organisierte Formationen. Sie fliegen ziemlich durcheinander und ziemlich schnell herum. Jetzt versuchen Sie, die Geschwindigkeit dieser Bienchen zu messen. Das Problem ist, sie fliegen so chaotisch und schnell, dass sie keine konstante Geschwindigkeit haben. Manchmal fliegen sie schnell, manchmal langsam und manchmal machen sie verrückte Drehungen. Wenn Sie all diese Geschwindigkeiten der Bienchen zusammennähmen und den Durchschnitt berechnen würden, hätten Sie eine Art „durchschnittliche Geschwindigkeit". Aber es ist wichtig, zu wissen, dass diese Geschwindigkeiten nicht stabil oder konstant sind, weil die Bienchen sozusagen wild umherfliegen. Elektronen sind wie flinke Bien-chen, die sich ständig bewegen.
- Die durchschnittliche Geschwindigkeit, die Sie messen könnten, ist so etwas wie ein Mittelwert, aber eigentlich flitzen die Elektronen wild und unvorhersehbar umher.
- **Elektronenstrahlen:** In speziellen Elektronenstrahlgeräten wie Elektronenmikroskopen oder Kathodenstrahlröhren können Elektronen gezielt beschleunigt und auf hohe Geschwindigkeiten gebracht werden. In Elektronenmikroskopen beispielsweise können Elektronen auf Geschwindigkeiten von bis zu 99,9 % der Lichtgeschwindigkeit beschleunigt werden, um beispielsweise eine höhere Auflösung und Detailgenauigkeit bei der Betrachtung von winzigen Strukturen zu ermöglichen.

Masse

Das Elektron ist mit einer Masse von 511 keV/c^2 das leichteste bekannte Elementarteilchen. Die geringe Masse des Elektrons ist eine der bemerkenswerten Eigenschaften dieses Elementarteilchens, denn trotz seiner geringen Masse spielt das Elektron eine entscheidende Rolle in der Chemie und der Elektronik und ist ein grundlegender Bestandteil der Materie in unserer Welt.

- Ein Elektron wiegt etwa 1/1836 der Masse eines Protons, welches im Atomkern vorkommt.
- Die Masse eines Elektrons ist vernachlässigbar im Vergleich zur Masse eines Neutrons, welches in Atomkernen vorkommt.
- Ein Kilogramm enthält etwa 5,5 x 10^{30} Elektronen. Das ist eine gewaltige Anzahl, die zeigt, wie leicht Elektronen im Vergleich zu makroskopischen Objekten sind. Obwohl Elektronen eine winzige Masse haben, trägt ihre enorme Anzahl zur Gesamtmasse eines Objekts bei.

Durchmesser

Siehe „Durchmesser“ im Abschnitt „Photon“.

Energie

Die Energie eines Elektrons hängt von seiner Bewegung und seinem quantenmechanischen Zustand ab und kann daher nicht standardmäßig definiert werden. Sehen Sie zur Erklärung auch noch einmal bei „Entstehung“ von Elektronen.

Impuls

Auch das Elektron als Elementarteilchen hat einen Impuls, der von der Geschwindigkeit des Elektrons abhängt. Berechnet wird der Impuls durch Multiplikation seiner Masse (m) und seiner Geschwindigkeit (v).

$$p = m \times v$$

Der Impuls wird in der Einheit Kilogramm-Meter pro Sekunde (kg·m/s) gemessen. Diese Formel bedeutet: Je schneller sich das Elektron bewegt oder je größer seine Masse ist, desto größer wird sein Impuls sein.

Spin

Der Spin eines Elektrons wird durch die sogenannte Spinquantenzahl beschrieben, die den Wert 1/2 hat. Dies bedeutet, dass das Elektron zwei mögliche Spinzustände haben kann: Spin „oben" und Spin „unten". Diese Zustände werden oft als „Spin-up" und „Spin-down" bezeichnet. Elektronen gehören damit zur Klasse der Fermionen.

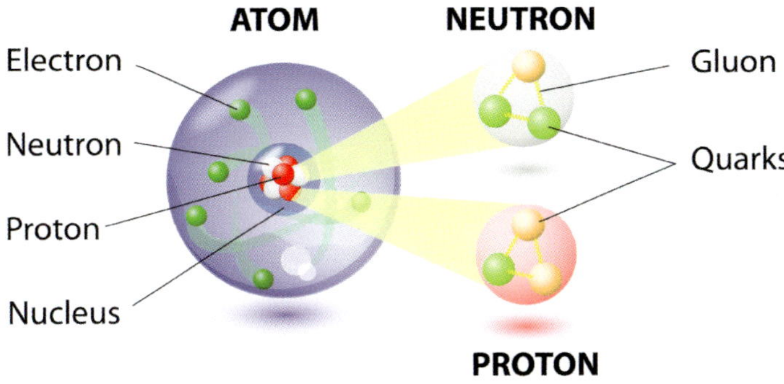

Testen Sie nun Ihr Wissen!

1. **Frage:** Welche Ladung trägt ein Elektron?
   - O a) positive Ladung
   - O b) negative Ladung
   - O c) neutrale Ladung
2. **Frage:** Wo befindet sich ein Elektron im Atom?
   - O a) im Atomkern
   - O b) in der Elektronenhülle
   - O c) in beiden Bereichen gleichzeitig
3. **Frage:** Was ist die kleinste Einheit eines Elements, die die chemischen Eigenschaften bestimmt?
   - O a) Proton
   - O b) Elektron
   - O c) Neutron
4. **Frage:** Wie bewegen sich Elektronen um den Atomkern?
   - O a) in geraden Linien
   - O b) in zufälligen Mustern
   - O c) auf festen Umlaufbahnen
5. **Frage:** Was passiert, wenn ein Elektron Energie absorbiert?
   - O a) Es wird schneller.
   - O b) Es springt auf ein höheres Energieniveau.
   - O c) Es wird schwerer.

Antworten:

1. b) negative Ladung
2. b) in der Elektronenhülle
3. b) Elektron
4. c) auf festen Umlaufbahnen
5. b) Es springt auf ein höheres Energieniveau.

Auf einen Blick: Grundlagenwissen Welle-Teilchen-Dualismus

Zur Wiederholung: Der Welle-Teilchen-Dualismus ist ein faszinierendes und zentrales Konzept in der Physik, das beschreibt, dass subatomare Teilchen nicht nur punktförmige Teilchen sind, sondern auch Welleneigenschaften haben. Dies hat das Verständnis von subatomaren Teilchen und der Natur des Lichts grundlegend verändert.

Teilchen oder Welle: Das Dilemma – ein geschichtlicher Abriss

In der Physik des 17. Jahrhunderts entwickelte sich die Vorstellung von Licht als Strahl oder Teilchen. Isaac Newton glaubte, dass Licht aus winzigen Teilchen, sogenannten „Korpuskeln", sozusagen Partikelchen, bestehen müsse, um die Beobachtungen der **Reflexion** und **Brechung** zu erklären. Auf der anderen Seite argumentierte Christiaan Huygens, dass Licht eine sich ausbreitende Welle sein müsse, um Phänomene wie **Beugung** und **Interferenz** zu erklären. Diese beiden Modelle schienen unvereinbar zu sein.

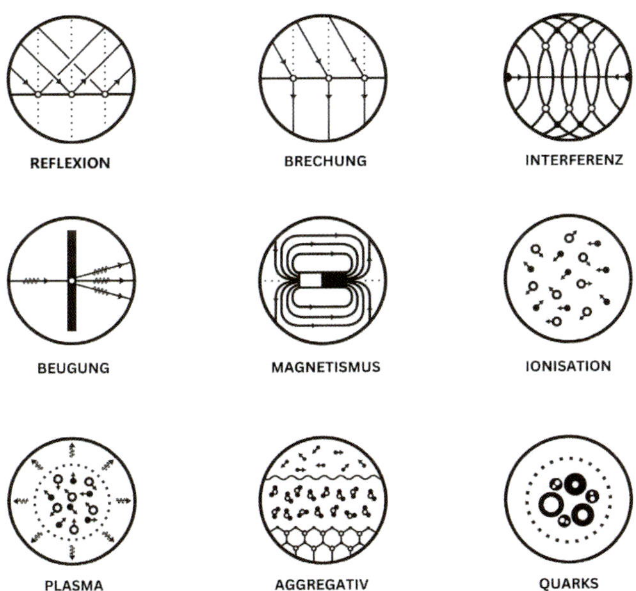

Reflexion: Reflexion ist das Phänomen, bei dem Licht, Schall oder eine andere Art von Welle von einer Oberfläche abprallt und in die Richtung zurückgeworfen wird, aus der das Licht, der Schall oder die Welle kam. Diese Rückkehr kann das Ergebnis der Wechselwirkung mit einer festen, undurchsichtigen Oberfläche sein, die das Licht oder die Welle zurückwirft, ohne sie zu absorbieren. Der Spiegel ist ein gutes Beispiel für Reflexion von Licht, während Schallwellen von Wänden in einem Raum reflektiert werden können. In der Physik bezieht sich Reflexion auf den Prozess, bei dem elektromagnetische Wellen oder Teilchen von einer Grenzfläche zurückgeworfen werden.

Brechung: Brechung ist das Phänomen, bei dem Licht, Schall oder eine andere Welle, wenn sie von einem Medium in ein anderes mit einer unterschiedlichen Ausbreitungsgeschwindigkeit übergeht, ihre Richtung ändert. Dies geschieht, weil die Geschwindigkeit der Welle in den beiden Medien unterschiedlich ist, was zu einer Änderung der Ausbreitungsrichtung führt. Ein häufiges Beispiel für Brechung ist das Licht, das durch Wasser oder Glas geht. Wenn Licht aus der Luft in ein anderes Medium wie Wasser eintritt, ändert es seine Richtung, was zu Phänomenen wie Biegung oder Brechung führt. In der Physik wird die Brechung durch den Brechungsindex beschrieben, der das Verhältnis der Ausbreitungsgeschwindigkeiten in den beiden Medien angibt.

Beugung: Beugung ist ein physikalisches Phänomen, bei dem Wellen, wie Licht oder Schall, um Hindernisse herum oder durch enge Öffnungen hindurchgehen und sich danach ausbreiten. Es tritt auf, wenn eine Welle auf eine undurchsichtige Barriere trifft oder durch eine Öffnung geht, die in etwa die Größe der Wellenlänge der Welle hat.

Ein häufiges Beispiel für Beugung ist das Muster von Licht- oder Schallwellen, die sich hinter einem schmalen Hindernis oder durch eine schmale Öffnung verbreiten. Das resultierende Muster kann konzentrische Ringe oder Streifen aufweisen.

In der Quantenmechanik wird Beugung auch auf die Ablenkung von Teilchen wie Elektronen oder Neutronen durch Kristallstrukturen angewendet, was als Beugung von Materiewellen bezeichnet wird.

Interferenz: Interferenz tritt bei der Interaktion von zwei Wellen auf, deren Wellenlängen jeweils ein Vielfaches voneinander sind. Wenn Wellen sich überlagern und dabei ihre Höchstmaße aufeinandertreffen, verstärken sich diese. Dieses Phänomen wird als **konstruktive Interferenz** bezeichnet. Treffen Höchstmaße und Mindestmaße aufeinander, eliminieren sich diese. Das bezeichnet man als **destruktive Interferenz**.

Christiaan Huygens

Christiaan Huygens war ein niederländischer Mathematiker, Physiker und Astronom, der im 17. Jahrhundert lebte (1629–1695). Er war eine bedeutende Figur in der Wissenschaftsgeschichte und leistete mehrere wichtige Beiträge zur Physik und Astronomie. Einige seiner bedeutendsten Errungenschaften neben seinem Beitrag zur Lichttheorie sind:

Die Pendeluhr: Huygens erfand die Pendeluhr, die eine bemerkenswerte Präzision bei der Zeitmessung ermöglichte. Außerdem hatte seine Arbeit einen großen Einfluss auf die Navigation und Wissenschaft.

Entdeckung der Ringe des Saturn: Huygens war einer der Ersten, die die Ringe des Saturn mithilfe eines Teleskops beobachteten und beschrieben. Er veröffentlichte seine Beobachtungen und entdeckte auch den größten Saturnmond Titan.

Wahrscheinlichkeitstheorie: Huygens leistete auch Beiträge zur Wahrscheinlichkeitstheorie und war einer der Pioniere auf diesem Gebiet. Er entwickelte wichtige Konzepte in der Wahrscheinlichkeitsrechnung, die später von anderen Mathematikern weiterentwickelt wurden.

Die Entdeckung des Dualismus

Die Komplexität des Rätsels um die Eigenschaften des Lichts wurde im 19. Jahrhundert weiter vertieft. Thomas Young führte ein berühmtes Experiment durch, das als das Doppelspaltexperiment bekannt ist. Er ließ Licht durch zwei schmale Spalte fallen und beobachtete, dass auf einem Schirm dahinter ein Interferenzmuster erschien. Dieses Muster konnte am besten durch die Vorstellung erklärt werden, dass Licht eine Welle ist, die sich wie Wasserwellen ausbreitet und mit sich selbst interferiert. Diese Beobachtung schien also darauf hinzudeuten, dass Licht eine Welle ist.

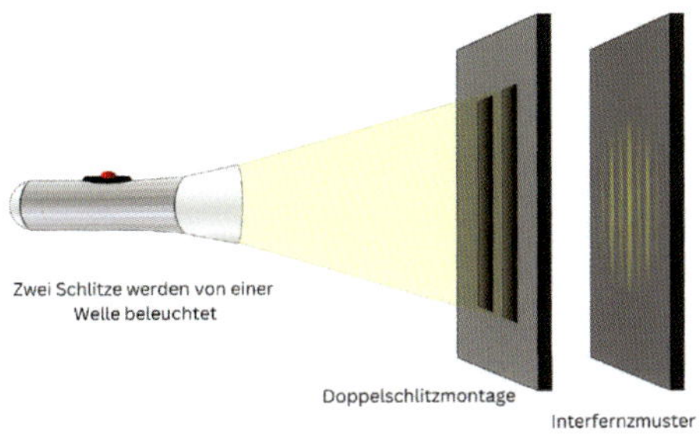

Dann kam Albert Einstein jedoch Anfang des 20. Jahrhunderts mit der Erklärung des Photoeffekts. Er zeigte, dass Licht auch wie ein Strom von Teilchen, sogenannten Photonen, betrachtet werden kann. Diese Photonen können Elektronen aus Materialien herausschlagen, wenn sie auf diese treffen.

Zu beiden Experimenten erfahren Sie mehr im Kapitel „Erkenntnisse der Quantenphysik".

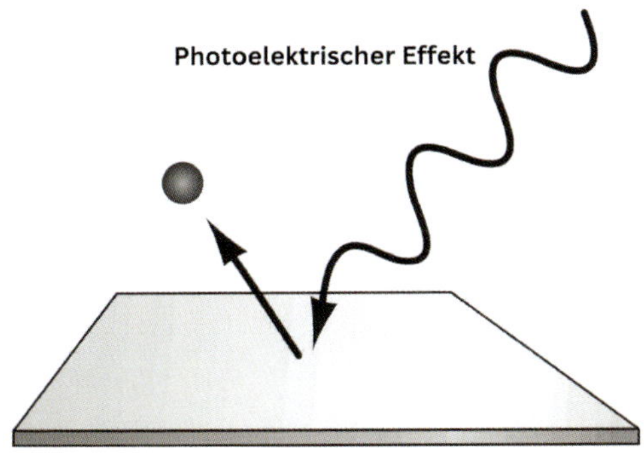

Thomas Young

Thomas Young war ein britischer Wissenschaftler, der im späten 18. und frühen 19. Jahrhundert (1773–1829) lebte und einen bedeutenden Einfluss auf die Physik und die Wissenschaft im Allgemeinen hatte. Einige seiner bedeutendsten Errungenschaften neben seinem Beitrag zur Lichttheorie und der Erfindung des Doppelspaltexperiments sind:

Youngsche Modul: In der Festigkeitslehre führte Young den Begriff des „Youngschen Moduls" ein, der die Elastizität von Materialien beschreibt. Dieses Konzept ist fundamental in der Materialwissenschaft und Ingenieurwissenschaft.

Entdeckung der Astigmatismus-Korrektur: Young entwickelte eine Linse zur Korrektur von Astigmatismus (Hornhautverkrümmung) im Auge und trug so zur Verbesserung der Brillenoptik bei.

Hieroglyphen-Entzifferung: Young hatte ein Interesse an der Entzifferung von ägyptischen Hieroglyphen und trug zur Entzifferung des Rosetta-Steins und zur Erweiterung des Verständnisses der ägyptischen Hieroglyphen bei.

Die Lösung: Der Welle-Teilchen-Dualismus

Die Auflösung dieses scheinbaren Dilemmas kam mit dem Konzept des Welle-Teilchen-Dualismus. Es besagt, dass sowohl Licht als auch subatomare Teilchen wie Elektronen sowohl Wellen- als auch Teilcheneigenschaften aufweisen können, abhängig von den experimentellen Bedingungen.

- **Welleneigenschaften**: Unter bestimmten Umständen, wie im Doppelspaltexperiment, verhalten sich Licht und Elektronen wie Wellen. Sie zeigen Interferenzmuster und Beugungseffekte, die typisch für Wellenphänomene sind.
- **Teilcheneigenschaften**: Unter anderen Umständen, wie beim Photoeffekt, verhalten sie sich wie Teilchen. Sie bewegen sich in diskreten Einheiten, den Photonen, und können Elektronen aus Materialien herausschlagen, als würden sie diese stoßen.

Testen Sie nun Ihr Wissen!

1. **Frage**: Welche Eigenschaften hat Licht nach dem Welle-Teilchen-Dualismus?
   - O a) nur wellenartig
   - O b) nur teilchenartig
   - O c) sowohl wellen- als auch teilchenartig
2. **Frage**: Wer prägte den Begriff „Photon" im Zusammenhang mit Licht?
   - O a) Isaac Newton
   - O b) Albert Einstein
   - O c) Max Planck
3. **Frage**: Was ist der Photoeffekt?
   - O a) das Absorbieren von Licht durch ein Material
   - O b) das Aussenden von Licht durch ein Material
   - O c) das Herausschlagen von Elektronen durch Licht
4. **Frage**: Was zeigt das Interferenzmuster bei dem Doppelspaltexperiment?
   - O a) nur Welleneigenschaften von Licht
   - O b) nur Teilcheneigenschaften von Licht
   - O c) Interaktion von Wellen- und Teilcheneigenschaften von Licht
5. **Frage**: Was besagt der Welle-Teilchen-Dualismus?
   - O a) Licht ist ausschließlich eine Welle.
   - O b) Licht ist ausschließlich ein Teilchen.
   - O c) Licht kann sowohl Wellen- als auch Teilcheneigenschaften haben.

Antworten:

1. c) sowohl wellen- als auch teilchenartig
2. b) Albert Einstein
3. c) das Herausschlagen von Elektronen durch Licht
4. c) Interaktion von Wellen- und Teilcheneigenschaften von Licht
5. c) Licht kann sowohl Wellen- als auch Teilcheneigenschaften haben.

Die De-Broglie-Gleichung

Durch die Entdeckung des Photoeffekts durch Albert Einstein und auch das Doppelspaltexperiment von Thomas Young im 19. und 20. Jahrhundert war nun bewiesen, dass Photonen sowohl Welle- als auch Teilcheneigenschaften besitzen. De Broglie führte diese Erkenntnis noch weiter und formulierte in seiner Doktorarbeit 1924 eine weitere gewagte Hypothese.

Louis de Broglie und seine bahnbrechende Hypothese

Louis de Broglie, ein französischer Physiker, wagte in den 1920er Jahren einen mutigen Schritt. Er führte den Welle-Teilchen-Dualismus weiter aus und erweiterte diesen. Nach seiner Annahme galt dieser nämlich nicht nur für Photonen, sondern auch für alle anderen Materieteilchen. Laut seiner Hypothese haben also Photonen nicht nur Teilcheneigenschaften, sondern Elektronen, die bis dato als Teilchen angesehen wurden, auch Welleneigenschaften. Dies führte zur Formulierung der De-Broglie-Gleichung, welche ihm 1929 den Nobelpreis einbrachte.

Die De-Broglie-Gleichung: Verknüpfung von Wellen- und Teilcheneigenschaften

Grundlage für die Aufstellung der De-Broglie-Gleichung stellt die Relativitätstheorie von Albert Einstein dar.

Exkurs Relativitätstheorie

In seiner speziellen Relativitätstheorie formulierte Albert Einstein eine Äquivalenz zwischen der Energie eines Objekts und seiner Masse, was bedeutet, dass Energie und Masse sich miteinander umwandeln lassen. Sie können sich das ähnlich wie eine Währungsumrechnung vorstellen: Möchten Sie den Euro in englische Pfund umrechnen, muss der Euro mit einem Wert von ca. 0,87 multipliziert werden. Gleiches besagt die Formel der Relativitätstheorie über Energie (E) und Masse (m):

$$E = m \times c2$$

E beschreibt die Energie des Objekts in Joule (J), die Masse (m) wird in Kilogramm (kg) angegeben und c ist die Konstante für die Lichtgeschwindigkeit 299.792.458 m/s, welche zum Quadrat genommen wird. Durch Multiplikation der Masse mit der Lichtgeschwindigkeit zum Quadrat kann also die Energie eines Objekts berechnet werden.

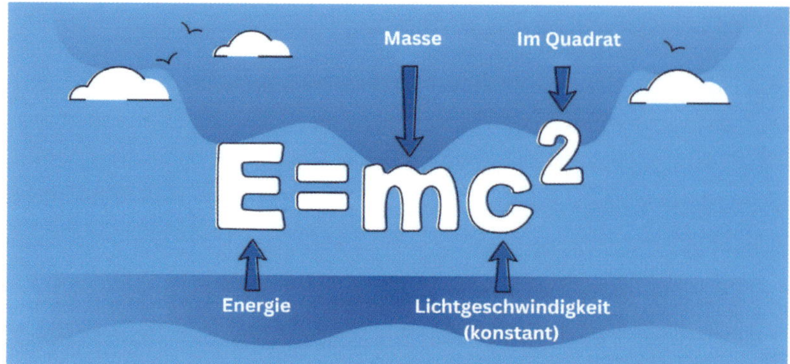

1. Startpunkt für die De-Broglie-Gleichung: Welle-Teilchen-Dualität

Sie wissen bereits, dass Licht manchmal wie eine Welle und manchmal wie ein Teilchen (Photon) handelt. De Broglie dachte, dass vielleicht auch Teilchen wie Elektronen Wellencharakteristiken haben könnten.

2. Energie und Impuls

Einstein hat gesagt, dass die **Energie E** eines Teilchens mit seiner ***Masse*** m und der ***Lichtgeschwindigkeit*** c durch die berühmte Gleichung $E = mc^2$ verbunden ist. Ebenso hat Newton gesagt, dass der **Impuls p** eines Teilchens mit seiner ***Masse*** und ***Geschwindigkeit*** verbunden ist: $p = mv$.

3. Welle-Teilchen-Beziehung

De Broglie schlug vor, dass Elektronen (oder jedes andere Teilchen) auch eine Wellenlänge λ haben könnten, die mit ihrer Geschwindigkeit und der Planckschen Konstanten h zusammenhängt.

4. Die Gleichung

Jetzt kombinieren Sie die Energie und die Impuls-Gleichungen mit der Wellenlänge-Idee:

$$\mathbf{E = mc2 \text{ und } p = h/\lambda}$$

Miteinander verknüpft wird das zu

$$\mathbf{E = hc/\lambda}$$

5. De-Broglie-Gleichung

De Broglie fasste das Ganze in einer Gleichung zusammen:

$$\mathbf{\lambda = h/p}$$

Sie sagt uns, dass die Wellenlänge eines Teilchens umgekehrt proportional zu seinem Impuls ist, was bedeutet, dass sich eine Größe erhöht, während die andere Größe gleichzeitig abnimmt. Wenn ein Teilchen also beispielsweise langsamer wird (geringerer Impuls), werden die Wellen länger. Wenn es schneller wird (höherer Impuls), werden die Wellen kürzer.

Um zu verdeutlichen, wie die De-Broglie-Gleichung funktioniert, betrachten Sie ein Elektron. Ein Elektron kann sich, wie Sie nun wissen, wie ein Teilchen oder wie eine Welle verhalten. Stellen Sie sich vor, jedes winzige Teilchen – sei es ein Elektron oder irgendetwas anderes – hat eine unsichtbare Welle um sich herum. Diese Welle zeigt an, wie sehr sich das Teilchen „ausbreitet" oder „verbreitet", während es sich bewegt. Louis de Broglie hat nun eine Formel gefunden, um diese unsichtbaren Wellen zu beschreiben. Zur Erinnerung: Wenn das Teilchen langsamer wird, werden die Wellen länger. Wenn es schneller wird, werden die Wellen kürzer. Diese unsichtbaren Wellen sind durch die De-Broglie-Gleichung also mit der Bewegung der Elektronen verbunden. Diese Welleneigenschaften zeigen sich in Phänomenen wie der **Elektronenbeugung**. Elektronen können sich biegen, ähnlich wie Lichtwellen sich biegen, wenn sie auf ein Hindernis treffen. Wenn Sie sich Elektronen als kleine Kugeln vorstellen, die durch eine enge Öffnung hindurchgehen, beginnen sich ihre unsichtbaren Wellen zu verbreiten und zu überlappen, wenn sie auf die andere Seite treffen. Das ist vergleichbar mit Wellen, die durch eine Öffnung in einem Vorhang gehen und sich dahinter miteinander vermischen. Dieses Phänomen wird als Elektronenbeugung bezeichnet. Die De-Broglie-Gleichung hilft Ihnen, zu verstehen, wie sich die unsichtbaren Wellen der Elektronen verhalten, wenn sie durch enge Öffnungen gehen. Sie zeigt uns, dass Elektronen nicht nur wie kleine Kugeln, sondern auch wie Wellen handeln können.

Testen Sie nun Ihr Wissen!

1. **Frage:** Welcher Physiker erhielt den Nobelpreis für Physik im Jahr 1929 für die Entdeckung der De-Broglie-Wellen und seine allgemeinen theoretischen Arbeiten über die Wellennatur der Materie?

   O a) Max Planck

   O b) Albert Einstein

   O c) Louis de Broglie

2. **Frage:** Welche Art von Teilchen wird durch die De-Broglie-Gleichung beschrieben?

   O a) Elektronen

   O b) Neutronen

   O c) Protonen

3. **Frage:** Was sagt die De-Broglie-Gleichung über Teilchen aus?

   O a) die Ladung von Teilchen

   O b) die Energie von Teilchen

   O c) die Wellennatur von Teilchen

4. **Frage:** Wie lautet die De-Broglie-Gleichung?

   O a) $E = mc^2$

   O b) $\lambda = h/p$

   O c) $F = ma$

5. **Frage:** Welche Einheit hat die De-Broglie-Wellenlänge (λ)?

   O a) Meter (m)

   O b) Joule (J)

   O c) Kilogramm (kg)

Antworten:

1. c) Louis de Broglie

2. a) Elektronen

3. c) die Wellennatur von Teilchen

4. b) $\lambda = h/p$

5. a) Meter (m)

Quantenzahlen

Quantenzahlen sind Zahlen, wie beispielsweise „n", die in der Quantenmechanik verwendet werden, um die Eigenschaften von quantenmechanischen Systemen zu beschreiben – n beschreibt zum Beispiel die Energieebene eines Elektrons in einem Atom. Sie spielen daher beispielsweise eine entscheidende Rolle bei der Charakterisierung von Elektronen in einem Atom, das heißt, n gibt an, wie viele Elektronen sich auf den Schalen im jeweiligen Atom befinden. Das Wasserstoffatom hat zum Beispiel nur eine Elektronenschale mit einem Elektron, das mit der Quantenzahl n = 1 beschrieben wird.

1. Hauptquantenzahl (n)

Die Hauptquantenzahl gibt das Energieniveau eines Elektrons in einem Atom an. Sie kann nur ganze positive Werte annehmen. Stellen Sie sich vor, ein Elektron in einem Atom ist wie ein winziges Auto auf verschiedenen Straßen, die unterschiedlich weit vom Stadtzentrum (dem Atomkern) entfernt sind. Die Hauptquantenzahl ist wie die Nummer der Straße, auf der das Auto fährt. Wenn die Hauptquantenzahl groß ist, bedeutet das, dass das Elektron auf einer weiter entfernten Straße fährt. Je größer die Zahl, desto weiter ist das Elektron vom Atomkern entfernt. Diese Zahl kann nur ganze positive Werte annehmen, ähnlich wie Straßennummern, die keine Bruchteile oder negativen Werte haben. Je weiter das Elektron vom Atomkern entfernt ist, desto höher ist seine Energie, genauso wie ein Auto, das auf einer entfernten Straße mehr Energie benötigt, um dorthin zu gelangen. Wenn die Hauptquantenzahl also zunimmt, bewegt sich das Elektron auf einer „weiter entfernten Straße" mit höherer Energie.

Beispiel Sauerstoff:

Ein neutrales Sauerstoffatom hat 8 Elektronen.

- n = 1 ist die innerste Schale (eher schwächer, da die Elektronen näher am Atomkern sind)
- n = 2 ist die zweite Schale (energiereicher, da höhere Quantenzahl, was bedeutet, sie ist weiter weg vom Kern)
- Die Elektronenverteilung in einem neutralen Sauerstoffatom könnte beispielsweise wie folgt aussehen:

- Schale 1: 2 Elektronen (s-Orbital)
- Schale 2: 6 Elektronen (s-Orbital (2 Elektronen) und p-Orbital (4 Elektronen))

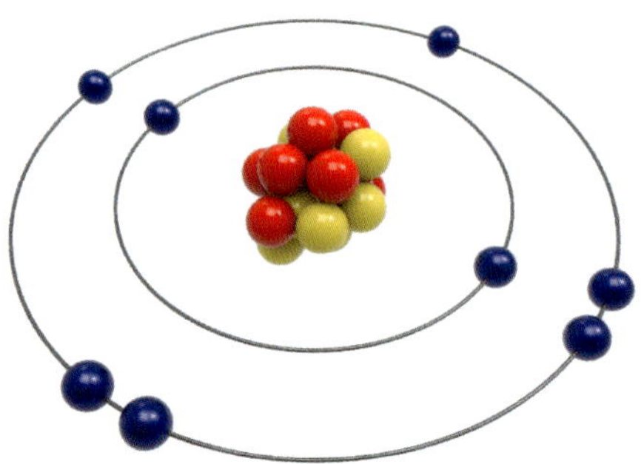

2. Nebenquantenzahl (l)

Die Nebenquantenzahl l ist abhängig von der Hauptquantenzahl und gibt unter anderem die Form des Elektronenorbitals in einem Atom an. l kann Werte von 0 bis (n−1) annehmen und ist auch eng mit der nachfolgenden magnetischen Quantenzahl verbunden. Die verschiedenen Werte von l korrespondieren dabei mit den verschiedenen Formen der Elektronenorbitale. Stellen Sie sich vor, die Nebenquantenzahl ist wie die spezielle „Form" eines Wolkenmusters, durch das ein Elektron in einem Atom hindurchgeht. Diese Form wird von der Nebenquantenzahl l bestimmt. Sie bestimmt, welche Art von Wolkenmuster Sie also vorfinden. Wenn l zum Beispiel den Wert 0 hat, entspricht dies einem einfachen runden Wolkenmuster, wie es für s-Orbitale typisch ist. Wenn l den Wert 1 hat, haben Sie ein etwas komplexeres Wolkenmuster vorliegen, zum Beispiel ein doppeltes, Donut ähnliches Muster, wie es für p-Orbitale typisch ist.

Beispiel Sauerstoff:

- In der Schale n = 1 gibt es nur ein Orbital mit l = 0, das ein s-Orbital ist.
- **In der Schale n = 2 gibt es Orbitale mit l = 0 (s-Orbital) und l = 1 (p-Orbitale).**

- Folgende Orbitale sind möglich:
- s-Orbital = kugelförmig (l = 0)
- p-Orbitale = zweizählige Hantelformen, ausgerichtet entlang der Koordinatenachsen (l = 1)
- d-Orbitale = komplexere Formen, fünffach degeneriert (l = 2)
- f-Orbitale = komplexere Formen, fünffach degeneriert (l = 3)

> Fünffach degeneriert bedeutet, es gibt 5 energetisch gleichwertige Orbitale mit unterschiedlich ausgerichteten Zuständen (also verschiedenen Drehimpulsen und einer anderen räumlichen Orientierung – der Energiebetrag ist jedoch derselbe).

In der Quantenmechanik bedeutet Degeneriertheit, dass mehrere Zustände denselben Energiebetrag haben. Ein Beispiel dafür ist eben das Elektronenenergieniveau in einem Atom. Verschiedene Elektronenorbitale können denselben Energiebetrag haben, was zu einer degenerierten Energieebene führt. Die Degeneriertheit ist wichtig, wenn man die elektronische Struktur von Atomen oder Molekülen betrachtet, da sie beeinflussen kann, wie Elektronen in verschiedenen Orbitalen verteilt sind.

3. Die magnetische Quantenzahl (ml)

Sie gibt die Orientierung des Elektronenorbitals im Raum an und ist abhängig von der Nebenquantenzahl l, das heißt von der Form des Elektronenorbitals. Betrachten Sie ein p-Orbital, bei dem die Drehimpulsquantenzahl (l) gleich 1 ist. Für dieses Orbital gibt es drei mögliche Werte für ml:-1, 0 und +1. Diese repräsentieren die drei verschiedenen Orientierungen des p-Orbitals im Raum, wenn es einem äußeren Magnetfeld ausgesetzt ist.

Die magnetische Quantenzahl und die nachfolgende Spinquantenzahl sind daher wichtig für die exakte Festlegung der Raumorientierung der Elektronen in einem Atom. Sie sind zudem wichtig für die Analyse der Wechselwirkungen mit einem äußeren magnetischen Feld, also zum Beispiel mit den magnetischen Kräften, die von Elektronen erzeugt werden (siehe Quantenfeldtheorie).

Beispiel Sauerstoff:

Im Fall des Sauerstoffatoms hat das äußerste Elektronenorbital der Elektronenhülle die Hauptquantenzahl n = 2. Die Drehimpulsquantenzahl l, die mit ml zusammenhängt, kann Werte von 0 bis n-1 annehmen. Daher kann l für dieses Orbital die Werte 0 und 1 haben.

- Für l = 0 (s-Orbital) ist ml immer 0.
- Für l = 1 (p-Orbital) kann ml die Werte-1, 0 und 1 annehmen.

Die magnetische Quantenzahl ml gibt also die Ausrichtung der Elektronenorbitale im Raum an. Für ein p-Orbital im Sauerstoffatom könnte ml beispielsweise-1, 0 oder 1 sein, je nachdem, in welche Raumrichtung das Orbital ausgerichtet ist, wenn es einem äußeren Magnetfeld ausgesetzt ist.

4. Spin-Quantenzahl (s)

Die andere Hauptmagnetquantenzahl ist die Spin-Quantenzahl. Sie gibt den Spin oder die intrinsische Drehung eines Elektrons an. Sie kann entweder +1/2 oder −1/2 sein, wobei +1/2 den Spin „aufwärts" und −1/2 den Spin „abwärts" repräsentiert. Sehen Sie zur Erinnerung im Kapitel „Elementarteilchen" nach.

Ursprung

Quantenzahlen stammen aus der Lösung der Schrödinger-Gleichung in der Quantenmechanik. Diese Gleichung beschreibt das Verhalten von Elektronen in einem atomaren System, das heißt, sie zeigt die Wellenfunktion eines physikalischen Systems, zum Beispiel eines Atoms, auf und auch, wie diese sich im Laufe der Zeit verändert. Bei der Lösung dieser Gleichung treten die Quantenzahlen als Parameter auf, die die erlaubten Energiezustände und Eigenschaften der Elektronen definieren.

$$-\frac{\hbar}{2m}\nabla^2\Psi + V\Psi = i\hbar\frac{\partial\Psi}{\partial t}$$

Stellen Sie sich vor, Quantenzahlen sind wie die „Adressen" für Elektronen in einem Atom. Sie stammen aus einer speziellen „Landkarte" namens Schrödinger-Gleichung, die beschreibt, wie sich Elektronen in einem Atom bewegen. Die Schrödinger-Gleichung ist wie ein GPS für Elektronen. Sie sagt uns, wo sich die Elektronen befinden könnten und wie sie sich im Laufe der Zeit bewegen. Wenn Sie die Schrödinger-Gleichung lösen, erhalten Sie diese speziellen Adressen, die Sie nun Quantenzahlen nennen.

Funktion

Die Quantenzahlen ermöglichen es, die verschiedenen Eigenschaften der Elektronen in einem Atom zu beschreiben und zu verstehen. Zur Erinnerung: Es gibt drei Hauptquantenzahlen: die Hauptquantenzahl (wie die Straßennummer), die Nebenquantenzahl (wie die spezielle Form des Wolkenmusters) und die magnetische Quantenzahl (wie die Orientierung des Elektronenorbitals). Sie sind wie „Adressen" für Elektronenorbitale, die Ihnen helfen, zu bestimmen, in welchem Energieniveau, mit welchem Drehimpuls, welcher Magnetorientierung und welchem Spin ein Elektron zu finden ist – so, wie Adressen helfen, Orte auf einer Landkarte zu finden. Insgesamt helfen sie, die komplexe Welt der Quantenmechanik in Bezug auf Elektronen in Atomen zu strukturieren und zu verstehen.

Testen Sie nun Ihr Wissen!

1. **Frage:** Welche der folgenden Quantenzahlen beschreibt das Hauptenergieniveau eines Elektrons?
   - O a) Hauptquantenzahl (n)
   - O b) Nebenquantenzahl (l)
   - O c) Spinquantenzahl (s)
2. **Frage:** Welche Quantenzahl beschreibt die Form eines Elektronenorbitals?
   - O a) Hauptquantenzahl (n)
   - O b) Nebenquantenzahl (l)
   - O c) Magnetische Quantenzahl (m)
3. **Frage:** Wie viele Elektronen können maximal in einem Orbital mit den Quantenzahlen (n = 3, l = 2, m = 1) existieren?
   - O a) 2 Elektronen
   - O b) 6 Elektronen
   - O c) 10 Elektronen
4. **Frage:** Welche Quantenzahl beschreibt die Orientierung eines Elektronenorbitals im Raum?
   - O a) Hauptquantenzahl (n)
   - O b) Nebenquantenzahl (l)
   - O c) Magnetische Quantenzahl (m)
5. **Frage:** Welche der folgenden Quantenzahlen hat nur zwei mögliche Werte, +1/2 oder-1/2?
   - O a) Hauptquantenzahl (n)
   - O b) Nebenquantenzahl (l)
   - O c) Spinquantenzahl (s)

Antworten:

1. a) Hauptquantenzahl (n)
2. b) Nebenquantenzahl (l)
3. b) 6 Elektronen
4. c) Magnetische Quantenzahl (m)
5. c) Spinquantenzahl (s)

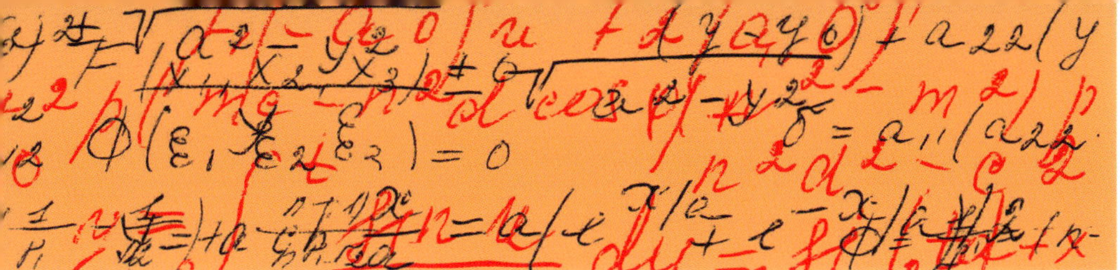

TEIL II – VERTIEFEN SIE IHR WISSEN: ERKENNTNISSE DER QUANTENPHYSIK

Wie Sie bereits in dem vorangegangenen Kapitel festgestellt haben, nahmen die Quantenphysik und ihre Entdeckungen ab dem 19. Jahrhundert langsam ihren Lauf. Einige wichtige Errungenschaften wurden bereits angesprochen und in diesem Kapitel lernen Sie weitere Meilensteine der Quantenphysik tiefergehend kennen.

Die Strahlung schwarzer Körper

Die Farbe eines Objekts wird definiert durch die elektromagnetische Strahlung, die das Objekt reflektiert, absorbiert oder durchlässt. Weißes Licht bzw. das Licht um Sie herum besteht aus verschiedenen Wellenlängen. Je nach Wellenlänge erscheint das Licht für das menschliche Auge in einer bestimmten Farbe. Trifft nun das weiße Licht mit seinen unterschiedlichen Wellenlängen auf ein Objekt, wird ein bestimmter Bereich der elektromagnetischen Strahlung, also bestimmte Wellenlängen, absorbiert. Der Teil des weißen Lichts, der reflektiert wird, definiert die Farbe des Objekts. Zum Beispiel erscheint ein Objekt rot, wenn es rotes Licht reflektiert und andere Farben absorbiert, und eines, das alle Farben reflektiert, erscheint weiß.

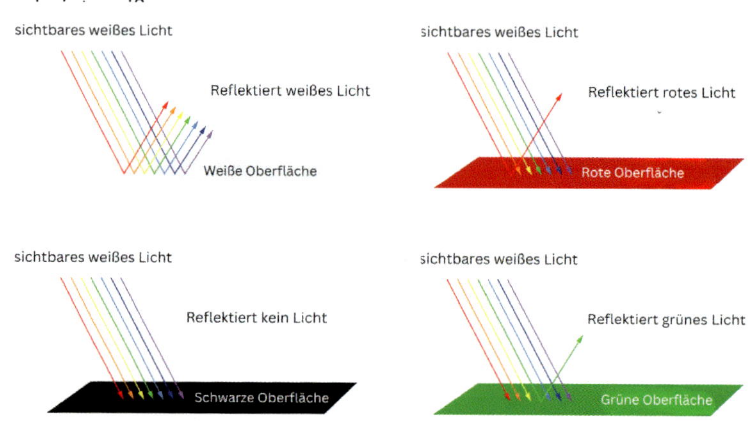

Material und Temperatur des Objekts sind dabei ausschlaggebend, welche Wellenlängen absorbiert und welche reflektiert werden. Werden alle Wellenlängen des sichtbaren Lichts absorbiert, erscheint ein Objekt schwarz.

Der Schwarze Strahler

Einen idealen Schwarzen Körper oder auch Schwarzen Strahler – also ein Objekt, das eben alle Strahlung absorbiert – gibt es in der realen Welt nicht. Es ist jedoch ein Modell, das in der Quantenphysik benutzt wird, um die Regeln und Prinzipien der Wärmestrahlung zu vereinfachen, da keine Abhängigkeit von spezifischen Materialeigenschaften besteht. Stellen Sie sich vor, ein Schwarzer Strahler ist wie ein perfekter Schwamm für Licht und Wärme. Er saugt alles auf, was darauf fällt, und gibt alles genauso wieder ab. Das hilft, die Regeln für Licht und Wärme zu verstehen, ohne sich Gedanken über die speziellen Eigenschaften von Materialien machen zu müssen.

Der Schwarze Strahler muss hierbei drei definierende Eigenschaften haben:

- **Er absorbiert die gesamte einfallende Strahlung:** Treffen elektromagnetische Wellen auf ein reales Objekt, so wird ein Teil der Wellen reflektiert, ein Teil wird absorbiert und ein anderer Teil kann sogar hindurchgelassen werden. Treffen die elektromagnetischen Wellen auf einen Schwarzen Strahler, so entfallen der Teil, der reflektiert, und der Teil, der hindurchgelassen wird. Die Strahlung wird komplett absorbiert – unabhängig von Einfallswinkel oder Wellenlänge.

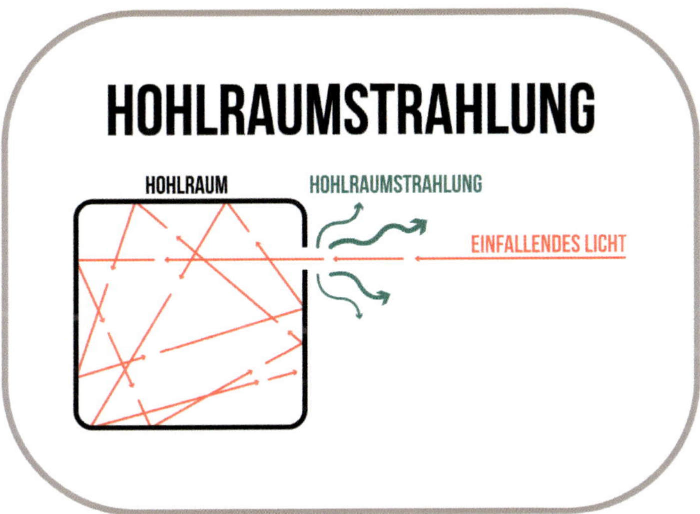

- **Er besitzt ein maximales Emissionsvermögen:** Dass der Schwarze Strahler alle elektromagnetische Strahlung absorbiert, bedeutet nicht, dass er nicht auch strahlt. Er gibt Strahlung ab in Form von Wärmeenergie. Die Wärmestrahlung eines Schwarzen Strahlers ist immer größer als die eines realen Objekts. Stellen Sie sich vor, Sie haben einen perfekten Wärmestrahler, der alles absorbiert und wieder abgibt, und dann ein echtes Objekt, zum Beispiel eine Tasse Kaffee. Selbst wenn die Tasse Kaffee Wärme aufnimmt und abgibt, wird der perfekte Wärmestrahler immer mehr Wärme abgeben als die Tasse Kaffee. Das bedeutet, dass er effektiver und intensiver in der Abgabe von Wärme ist als ein echtes Objekt.

- **Seine Emission ist in alle Richtungen gleich stark:** Die abgestrahlte Wärmeenergie eines Schwarzen Strahlers strahlt in alle Raumrichtungen gleich stark, sie ist also gleichmäßig. Bei einem realen Objekt muss das nicht der Fall sein. Hier kann Wärmestrahlung in eine bestimmte Richtung stärker abgegeben werden als in eine andere Richtung.

In der Realität kann ein Schwarzer Strahler am einfachsten mit einem Hohlraumstrahler hergestellt werden. Dabei handelt es sich beispielsweise um einen Behälter mit einem kleinen Loch. Trifft nun eine elektromagnetische Welle durch das Loch in den Hohlraum des Behälters, wird sie von den Wänden des Behälters mehrmals reflektiert. Dabei wird der überwiegende Teil von den Wänden absorbiert und nach einigen Reflexionen ist von der elektromagnetischen Strahlung nicht mehr viel übrig. Man kann so einen nahezu idealen Schwarzen Strahler erzeugen.

Das Spektrum eines Schwarzen Strahlers

Jeder kennt das Phänomen: Objekte, die viel Wärme abgeben, können in unterschiedlichen Farben leuchten. Je heißer dabei ein Objekt ist, desto mehr Energie wird im hochfrequenten Bereich ausgesendet. Deshalb leuchten heiße Objekte auch in unterschiedlichen Farben. Sie können sich merken: Gelbes Licht hat beispielsweise mehr Energie als rotes Licht. Gleiches gilt ebenfalls für einen Schwarzen Strahler. Die Wellenlänge des abgestrahlten Lichts hängt dabei von seiner Temperatur ab. Dabei folgt die Intensität der Strahlung, die abgegeben wird, einer speziellen Kurve bei einer bestimmten Temperatur. Die Kurve gibt an, in welchem Wellenlängenbereich Strahlung vom schwarzen Körper abgegeben wird. Nur ein kleiner Teil befindet sich dabei im Bereich des sichtbaren Lichts. Sehr viel Energie wird im Infrarotbereich abgegeben. Das Strahlungsmaximum des Schwarzen Strahlers (höchster Punkt der Kurve) gibt dabei an, bei welcher Wellenlänge der elektromagnetischen Strahlung bei entsprechender Temperatur des Schwarzen Strahlers am meisten Strahlung abgegeben wird.

Stellen Sie sich vor, ein Schwarzer Strahler ist wie ein magischer Kühlschrank für Licht. Sie öffnen die Tür und Licht kommt heraus, aber es ist nicht nur weißes Licht – es ist wie ein Regenbogen! Dieser Regenbogen enthält alle möglichen Farben. Je heißer der Kühlschrank ist, desto mehr verrückte Farben tauchen im Regenbogen auf, und diese sehen aus wie ein loderndes Feuer. Wenn der Kühlschrank eiskalt ist, wird der Regenbogen eher bläulich.

SPEKTRUM EINES SCHWARZEN KÖRPERS

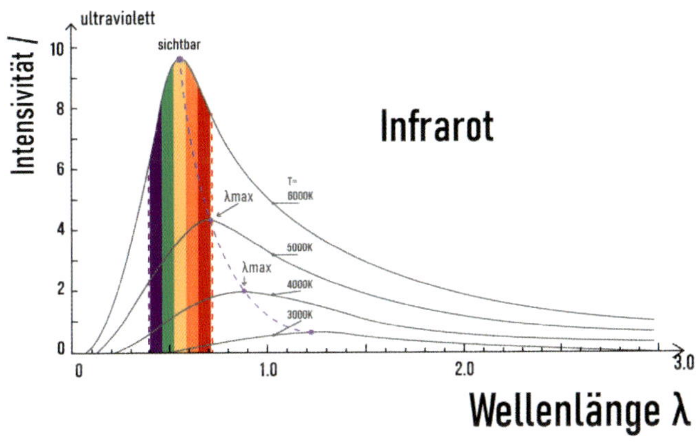

Der Schwarze Strahler ist wie dieser magische Kühlschrank und das Licht, das herauskommt, ist wie ein fantastischer Regenbogen. Wie intensiv die Farben sind, hängt davon ab, wie heiß der Schwarze Strahler ist.
Das ist im Grunde das, was Physiker mit „Spektrum eines Schwarzen Strahlers" meinen. Es ist wie ein farbenfroher Lichtregenbogen, den Sie von einem magischen Kühlschrank bekommen, der mit unterschiedlichen Temperaturen leuchtet. Je heißer, desto verrückter sind die Farben.

Daraus kann geschlussfolgert werden, dass ein Schwarzer Strahler nicht unbedingt immer schwarz sein muss. Er kann tatsächlich Licht in allen

Farben abgeben, abhängig von seiner Temperatur. Schwarz ist er nur dann, wenn der Schwarze Strahler Licht im nicht sichtbaren Bereich aussendet.

Fakt war nun, dass diese Emissionskurven, also bei welcher Temperatur welche Wellenlänge am intensivsten emittiert wird, eines Schwarzen Strahlers zwar bekannt waren, niemand konnte jedoch eine Erklärung für das Dargestellte liefern. Das bedeutet einfach gesagt: Herausgefunden wurde, dass Objekte unterschiedliche Farben haben, je nachdem, wie heiß sie sind. Das war bekannt, aber keiner wusste genau, warum das so ist. Es kam zu zwei verschiedenen Ansätzen und am Ende zu einer Synthese, mit der das Spektrum letztendlich erklärt werden konnte: mit dem Planckschen Strahlungsgesetz. Die Erklärung des Spektrums des Schwarzen Strahlers war von großer Bedeutung, da sie einen tiefen Einblick in die Quantenphysik und die Natur der Strahlung lieferte sowie weitreichende Auswirkungen auf viele Bereiche der Wissenschaft hatte, einschließlich der Entwicklung von Technologien wie Lasern und modernen Kommunikationssystemen.

Wie ein Laser funktioniert

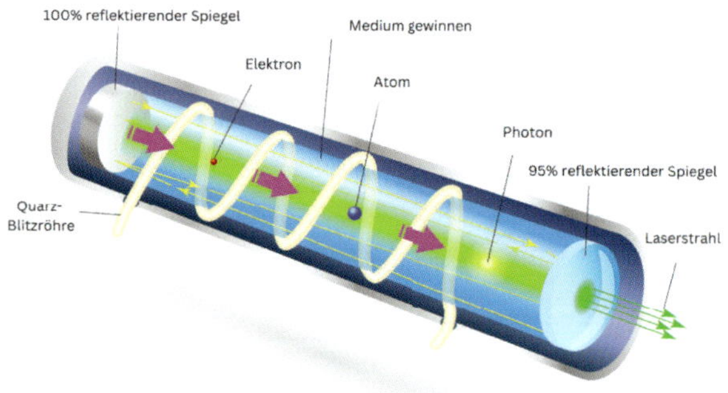

Doch noch einmal zurück zum Anfang: Einen ersten Versuch machte Wilhelm Wien, der die Hypothese aufstellte, dass die maximale Wellenlänge der Strahlung umgekehrt proportional zu ihrer Temperatur ist. Er schlug also vor, dass höhere Temperaturen zu kürzeren Wellenlängen führen und umgekehrt.

Der erste Versuch: Das Wiensche Gesetz

Mit dem Wienschen Gesetz stellte Wilhelm Wien einen Zusammenhang der Temperatur und der maximalen Wellenlänge eines idealen Schwarzen Strahlers her. Folgende Gleichung stellte er auf:

$$\lambda(T) = b/T$$

Mit dieser Formel kann berechnet werden, bei welcher Wellenlänge Schwarze Strahler mit einer bestimmten Temperatur die größte Strahlungsintensität besitzen. Λ beschreibt dabei die Wellenlänge des emittierten Lichts, T ist die Temperatur des Schwarzen Strahlers und b bezeichnet die Wiensche Konstante (b = 2,897,8 µm/K). Das Wiensche Verschiebungsgesetz besagt also, dass, wenn etwas heiß ist und rot glüht, es nicht nur rot ist, sondern auch andere Farben vorhanden sind, die Sie mit bloßem Auge vielleicht nicht sehen können. Wenn Sie sich vorstellen, dass Sie all diese Farben zu einem Regenbogen zusammenmischen, würde dieser Regenbogen bei höheren Temperaturen nicht nur rot, sondern auch orangefarbener, gelber, grüner und sogar bläulicher aussehen.

In einfacheren Worten: Je heißer etwas ist, desto mehr Farben können Sie sehen, und das Wiensche Gesetz hilft, zu verstehen, wie sich die Farben ändern, wenn etwas wirklich sehr heiß wird.

Schaut man sich das Spektrum eines Schwarzen Strahlers genauer an, so fällt auf, dass sich die Kurvenmaxima bei kleineren Temperaturen des Schwarzen Strahlers in Richtung kleinere Wellenlängen des emittierten Lichts verschieben. Das Wiensche Verschiebungsgesetz beschreibt also somit, wie sich die Kurvenmaxima bei kleiner bzw. größer werdenden Temperaturen des Schwarzen Strahlers verschieben:

Hohe Temperatur

Bei höheren Temperaturen wird die maximale Emission zu einer kürzeren Wellenlänge verschoben, näher zum blauen und ultravioletten Bereich des elektromagnetischen Spektrums.

Niedrige Temperatur

Bei niedrigeren Temperaturen wird die maximale Emission zu einer längeren Wellenlänge verschoben, näher zum roten und infraroten Bereich des Spektrums.

Gut anwendbar ist das Wiensche Verschiebungsgesetz für große Wellenlängen, im Bereich kleinerer Wellenlängen liefert es jedoch keine guten Ergebnisse.

DER ZWEITE VERSUCH: DAS RAYLEIGH-JEANS-GESETZ

An den zweiten Erklärungsversuch des Schwarzkörperspektrums machten sich der Physiker Lord Rayleigh und Sir James Jeans im 19. Jahrhundert. Sie entwickelten ebenfalls eine mathematische Formel, die die spektrale Verteilung der Strahlung eines idealen schwarzen Körpers beschreibt. Folgende Formel wurde von den beiden entwickelt:

$$\mathbf{I(\lambda,T) = \sigma \;\text{⍰}\; \lambda 48\pi kT}$$

Das Rayleigh-Jeans-Gesetz beschreibt die Intensität der elektromagnetischen Strahlung $I(\lambda,T)$ eines schwarzen Körpers bei einer bestimmten Wellenlänge λ und Temperatur T. Hierbei steht k für die Boltzmann-Konstante ($k = 1{,}38 \times 10 - 23 J/K$), und $\sigma = 5{,}67 \times 10 - 8 W/(m2K4)$ ist die Stefan-Boltzmann-Konstante. Die Formel hilft, zu verstehen, wie die Intensität des Lichts einer bestimmten Farbe von einem heißen Objekt abhängt. Es besagt also, dass kürzere Wellenlängen, wie zum Beispiel Blau, bei höheren Temperaturen intensiver strahlen.

Exkurs Stefan-Boltzmann-Konstante

Als Strahlungsleistung wird bezeichnet, wie viel Energie ein idealer Schwarzer Strahler in einer bestimmten Zeit ausstrahlt. Stellen Sie sich vor, Sie haben eine Tasse mit heißem Kaffee. Diese Tasse gibt Wärme ab und die Stefan-Boltzmann-Konstante hilft Ihnen, zu verstehen, wie viel Wärme (genauer gesagt, wie viel Energie) von einem heißen Objekt, also dem heißen Kaffee, abgestrahlt wird und in welcher Geschwindigkeit das passiert. Die Stefan-Boltzmann-Konstante (σ) ist wie eine Zahl, die angibt, wie schnell diese Energieabgabe passiert. Es ist so etwas wie die „Geschwindigkeitsbegrenzung“ **für die Wärmeabgabe. Abhängig ist die Strahlungsleistung von Fläche und Temperatur des** Schwarzen Strahlers. Folgende Gleichung hat Stefan Boltzmann zur Berechnung der Strahlungsintensität aufgestellt:

$$\mathbf{\Phi = \sigma \boxtimes A \boxtimes T4}$$

Dabei beschreibt A die Fläche und T die Temperatur des Schwarzen Strahlers. Wichtige Hinweise zur Formel:

Die Strahlungsleistung eines schwarzen Körpers ist stark von seiner **Temperatur abhängig** und diese Abhängigkeit ist durch T4 in der Formel dargestellt. Die Einheit der Strahlungsleistung Φ ist Watt (W), nicht nur Energie. Φ ist daher die Energiemenge pro Zeiteinheit, die der schwarze Körper ausstrahlt. Die **absolute Temperatur** TT muss in Kelvin angegeben werden, um das Stefan-Boltzmann-Gesetz korrekt zu verwenden, da die Kelvin-Skala absolut ist und keine negativen Temperaturen hat. Die Konstante σ gibt an, wie viel Energie **pro Zeiteinheit** und **pro Flächeneinheit** ein schwarzer Körper bei einer bestimmten Temperatur abstrahlt.

Dennoch ist auch das Rayleigh-Jeans-Gesetz nur eine Annäherung an die Erklärung des Strahlungsspektrums eines Schwarzen Strahlers und bringt einige Probleme mit sich.

Probleme des Rayleigh-Jeans-Gesetzes

Hohe Temperaturen

Das Rayleigh-Jeans-Gesetz funktioniert gut bei hohen Temperaturen, da es klassische Physik verwendet, um die Strahlung eines schwarzen Körpers zu beschreiben.

Ultraviolette Katastrophe:

Das Rayleigh-Jeans-Gesetz führte jedoch zu einem Problem, das als „Ultraviolette Katastrophe" bekannt ist. Es sagte voraus, dass die Strahlung mit steigender Frequenz unendlich ansteigen würde, was in der Realität nicht beobachtet wird.

Plancksches Strahlungsgesetz

Das Plancksche Strahlungsgesetz, das von Max Planck entwickelt wurde und nachfolgend behandelt wird, löste das Problem der Ultravioletten Katastrophe. Es beschreibt die Strahlung eines schwarzen Körpers durch die Einführung von Quantenmechanik und die Idee von diskreten Energiequanten.

Zusammenfassend lässt sich sagen, dass das Rayleigh-Jeans-Gesetz eine gute Näherung bei niedrigen Temperaturen liefert, aber es scheitert bei höheren Temperaturen und kurzwelligen (hohen Frequenzen) Strahlungen.

Obwohl das Rayleigh-Jeans-Gesetz nicht die tatsächliche Verteilung der Strahlung eines schwarzen Körpers korrekt beschreibt, ist es doch ein wichtiges Mittel in der Entwicklung der Quantenphysik und ein Beispiel für die Notwendigkeit von quantenmechanischen Ansätzen bei der Beschreibung von subatomaren Phänomenen.

Das Plancksche Strahlungsgesetz

Mit den Versuchen, das Spektrum des Schwarzen Strahlers zu beschreiben, näherten sich beide Ansätze an die Erklärung der Kurve an, jedoch konnte keiner der Ansätze für die vollständige Erklärung des Kurvenverlaufs genutzt werden. Wilhelm Wien beschrieb den steilen Anstieg im UV-Bereich, während sich das Rayleigh-Jeans-Gesetz mit dem flachen Kurvenverlauf im Infrarot-Bereich beschäftigte. Vereinen ließen sich die beiden Gesetze jedoch nicht. Erst 1900 konnte das Problem durch Max Planck gelöst werden, indem er das Strahlungsgesetz formulierte:

$$I(\lambda,T) = (8\pi hc)/\lambda 5 \times 1/e \times [(hc)/(\lambda kT)]-1$$

Das Plancksche Strahlungsgesetz beschreibt, wie sich die Intensität der Strahlung eines schwarzen Körpers in Abhängigkeit von der Wellenlänge λ und der Temperatur T ändert. Hierbei stehen

- **h** für das Plancksche Wirkungsquantum,

- c für die Lichtgeschwindigkeit und
- k für die Boltzmann-Konstante.

Das Plancksche Strahlungsgesetz ist also eine Formel, die angibt, wie viel Licht einer bestimmten Farbe (einer bestimmten Wellenlänge) von einem heißen Objekt abgestrahlt wird, und ist wichtig, um zu verstehen, wie heißere Objekte unterschiedliche Farben und Intensitäten von Licht abstrahlen. Wenn Sie aufgepasst haben, wissen Sie: Das Plancksche Strahlungsgesetz beschreibt daher genau das Spektrum eines Schwarzen Strahlers. Diese Formel hilft auch, das Verhalten von Sternen und anderen heißen Dingen im Universum zu erklären.

Wichtige Hinweise zum Strahlungsgesetz:

Quantencharakter

Der entscheidende Beitrag von Planck bestand darin, anzunehmen, dass Energie nicht kontinuierlich, sondern in diskreten Einheiten (Quanten) auftritt. Das Gesetz verwendet diese Idee, um die Strahlung eines schwarzen Körpers zu beschreiben.

Temperaturabhängigkeit

Wie das Rayleigh-Jeans-Gesetz und das Wiensche Verschiebungsgesetz hängt auch das Plancksche Strahlungsgesetz von der Temperatur ab. Es zeigt jedoch eine bessere Übereinstimmung mit experimentellen Daten, insbesondere bei höheren Frequenzen.

Wiensche Verschiebungsgesetz

Das Plancksche Strahlungsgesetz umfasst das Wiensche Verschiebungsgesetz als Spezialfall, wenn die Temperatur T gegen unendlich geht. Das Plancksche Strahlungsgesetz ist kurz gesagt wie ein vielseitiges Werkzeug für heißes Licht, wenn die Temperatur jedoch extrem hoch wird, verhält es sich wie das bekannte Wiensche Verschiebungsgesetz.

Testen Sie nun Ihr Wissen!

1. **Frage:** Was zeichnet einen idealen Schwarzen Strahler aus?
   - O a) Er absorbiert kein Licht.
   - O b) Er emittiert keine Strahlung.
   - O c) Er absorbiert und emittiert maximale Strahlung bei jeder Temperatur.
2. **Frage:** Was beschreibt das Wiensche Verschiebungsgesetz in Bezug auf Schwarze Strahler?
   - O a) Es gibt an, wie schnell die Strahlung abgegeben wird.
   - O b) Es erklärt die Änderung der Farbe bei steigender Temperatur.
   - O c) Es beschreibt die Temperaturunabhängigkeit der Strahlung.
3. **Frage:** Welche Temperaturabhängigkeit zeigt das Stefan-Boltzmann-Gesetz für Schwarze Strahler?
   - O a) Die Strahlungsleistung ist temperaturunabhängig.
   - O b) Die Strahlungsleistung steigt quadratisch mit der Temperatur.
   - O c) Die Strahlungsleistung steigt exponentiell mit der Temperatur.
4. **Frage:** Was ist die Funktion der Stefan-Boltzmann-Konstanten in der Formel zur Berechnung der Strahlungsleistung?
   - O a) Sie beschreibt die Energie pro Flächeneinheit.
   - O b) Sie gibt die Wellenlänge der Strahlung an.
   - O c) Sie bestimmt die Temperatur des Schwarzen Strahlers.
5. **Frage:** Welche Rolle spielt das Rayleigh-Jeans-Gesetz bei der Beschreibung der Intensität eines Schwarzen Strahlers?
   - O a) Es beschreibt die Strahlung für hohe Temperaturen.
   - O b) Es beschreibt die Strahlung für niedrige Temperaturen.
   - O c) Es erklärt die Temperaturunabhängigkeit der Strahlung.

Antworten:

1. c) Er absorbiert und emittiert maximale Strahlung bei jeder Temperatur.
2. b) Es erklärt die Änderung der Farbe bei steigender Temperatur.
3. b) Die Strahlungsleistung steigt quadratisch mit der Temperatur.
4. a) Sie beschreibt die Energie pro Flächeneinheit.
5. b) Es beschreibt die Strahlung für niedrige Temperaturen.

Der Photoelektrische Effekt

Der Photoeffekt ist ein faszinierendes Phänomen, das das Verständnis des Welle-Teilchen-Dualismus vertieft. Die Frage nach dem Licht und was das genau ist, reicht bis in die Antike zurück. Es dauerte tatsächlich bis ins 20. Jahrhundert, um der Antwort auf diese Frage ein kleines Stück näher zu kommen. In diesem Kapitel werden Sie sich näher mit diesem Effekt und seiner Entwicklung zu einer der Grundlagen der Quantenphysik befassen.

Der Beginn des Rätsels

Sie erinnern sich: Vor Beginn des 19. Jahrhunderts gab es über die Beschaffenheit von Licht verschiedene Theorien. Beispiele wie die Reflexion sprachen für die Theorie, die Licht als Teilchen beschreibt. Interferenz konnte hingegen nur durch die Welleneigenschaften von Licht erklärt werden. Im 20. Jahrhundert schlugen sich dann immer mehr Physiker auf die Seite der Wellentheorie, doch ein Phänomen konnte durch die Theorie nicht erklärt werden: der Photoeffekt.

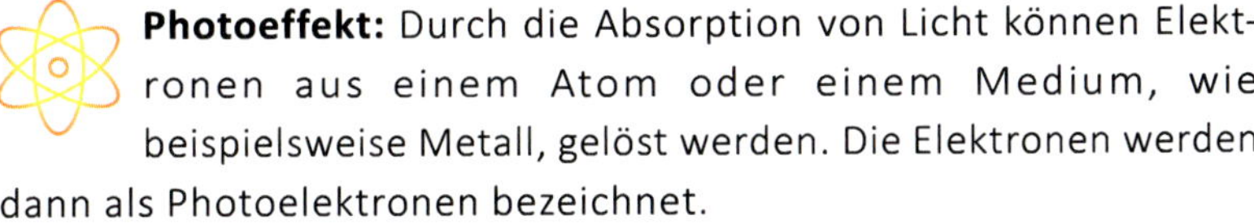

Photoeffekt: Durch die Absorption von Licht können Elektronen aus einem Atom oder einem Medium, wie beispielsweise Metall, gelöst werden. Die Elektronen werden dann als Photoelektronen bezeichnet.

Dieses Phänomen war zunächst rätselhaft und passte nicht gut zu den damaligen Vorstellungen von Licht als Welle.

Einsteins Erklärung

Albert Einstein erklärte 1905 den Photoeffekt, und zwar indem er annahm, dass Licht aus diskreten Energiepaketen besteht, die er als Photonen bezeichnete. Er argumentierte, dass diese Photonen Energie in quantisierten Einheiten tragen. Wenn sie auf Materie treffen, können sie Elektronen aus dieser Materie herauslösen. Diese Theorie war revolutionär und führte zur Geburt der Quantentheorie. Man bezeichnet sie auch als Lichtquantenhypothese.

Lichtquantenhypothese: Diese bezeichnet die Theorie, dass Licht aus diskreten Energiepaketen (Lichtquanten = Photonen) besteht. Wenn Sie sich Licht als eine Art „Teilchen" vorstellen, sind diese Photonen die Bausteine. Um die Energie eines Photons zu berechnen, multiplizieren Sie einfach die Frequenz des Lichts (wie schnell die Wellen schwingen) mit dem Planckschen Wirkungsquantum (eine Konstante, die von Max Planck eingeführt wurde). Die Formel dafür lautet Energie (E) = Frequenz (f) × Plancksches Wirkungsquantum (h). Das bedeutet, je höher die Frequenz des Lichts ist, desto mehr Energie haben die Photonen. Es ist, als ob das Licht in kleinen Portionen, den Photonen, „verpackt" ist, und ihre Energie hängt von der Frequenz ab. Darauf wird im nächsten großen Kapitel näher eingegangen. Die Formel lautet also:

$$\mathbf{E = h \times f}$$

Joulesekunde ist die Einheit der Wirkung und berechnet sich aus Energie x Zeit.

Die Frequenz berechnet sich aus dem Quotienten der Lichtgeschwindigkeit (c) und der Wellenlänge (λ), sodass die Formel auch in Abhängigkeit der Wellenlänge gestellt werden kann.

$$\mathbf{E = h \times c/\lambda}$$

Albert Einstein bekam für diese Entdeckung und das Aufstellen der Theorie 1921 den Nobelpreis.

Der Welle-Teilchen-Dualismus im Photoeffekt

Der Photoeffekt illustriert auf faszinierende Weise den Welle-Teilchen-Dualismus. Er funktioniert wie folgt:

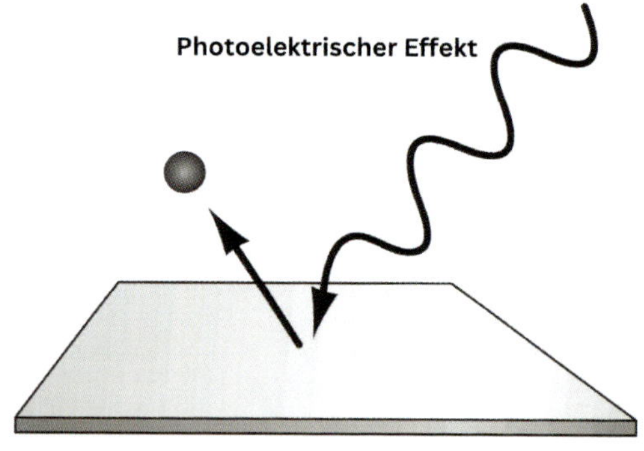

Teilcheneigenschaften

Laut Einsteins Erklärung des Photoeffekts verhalten sich Photonen wie Teilchen. Sie übertragen Energie diskret und können Elektronen aus einem Material herauslösen, wenn sie auf dieses Material treffen. Diese Photonen verhalten sich wie kleine „Energiepakete" und können Elektronen in einem Material beeinflussen. Wenn ein Photon auf ein Material trifft, kann es seine Energie auf ein Elektron übertragen. Wenn die Energie des Photons ausreicht, kann das Elektron dadurch genug Energie erhalten, um aus dem Material herausgelöst zu werden. Dies ist ein klarer Fall von Teilcheneigenschaften.

Welleneigenschaften

Gleichzeitig zeigt der Photoeffekt Welleneigenschaften. Die Intensität des herausgelösten Elektronenstroms hängt von der Intensität des Lichts ab, was auf Welleninterferenz hinweist. Dies bedeutet, wie Sie bereits wissen, dass Licht in Form von Wellen auf die Oberfläche trifft und mit sich selbst interferiert. Interferenz bezieht sich auf die Überlagerung von Wellen, die zu Verstärkung oder Auslöschung führen kann, abhängig von der Phasenbeziehung der Wellen. Sehen Sie zur Erklärung noch einmal in das Kapitel „Grundlagenwissen Welle-Teilchen-Dualismus".
Man unterscheidet außerdem drei verschiedene Arten des Photoeffekts:

- **Der äußere Photoeffekt** beschreibt das Phänomen, bei dem Licht (Photonen) auf eine Metalloberfläche trifft und Elektronen aus dem Material herauslöst. Dies tritt jedoch nur dann auf, wenn die Photonen des Lichts ausreichend Energie haben, um die Bindungskräfte, die die Elektronen im Metall halten, zu überwinden.
- **Der molekulare Photoeffekt:** dieser Photoeffekt ähnelt dem äußeren Photoeffekt, jedoch wird hier keine Metalloberfläche beschienen, sondern ein Atom. Reicht die Energie der Photonen aus, können die Elektronen im Atom auf ein höheres Energieniveau angehoben oder gar komplett aus dem Atom gelöst werden. Übrig bleibt dann ein positiv geladenes Ion.
- **Der innere Photoeffekt:** Dieser findet in einem Halbleiter statt. Auch hier wird Energie von Photonen auf die Elektronen übertragen, wodurch diese vom Valenzband zum Leitungsband des Halbleitermaterials

wechseln können. Das bedeutet: Der innere Photoeffekt passiert, wenn Elektronen nicht einfach aus dem Material „herausfliegen", wie beim Photoeffekt, sondern stattdessen im Inneren des Materials gestoppt werden. Sie geben ihre Energie ab und setzen andere Elektronen in Bewegung, aber diese Elektronen bleiben im Material gefangen.

Bedeutung des Photoeffekts

Der Photoeffekt hat weitreichende Konsequenzen für die moderne Physik und Technologie. Er lieferte den experimentellen Beweis für die Existenz von Photonen und half dabei, die Grundlagen der Quantenmechanik zu legen. Darüber hinaus machen Sie sich wahrscheinlich den Photoeffekt zum Beispiel in Photovoltaikanlagen zunutze. In Solarzellen wird beispielsweise der innere Photoeffekt genutzt, um Sonnenlicht in elektrische Energie umzuwandeln. Die Solarzelle besteht aus einem Halbleitermaterial, oft aus Silizium. Wenn Photonen aus Sonnenlicht auf die Solarzelle treffen, können sie Elektronen im Halbleitermaterial anregen und ihnen genug Energie geben, um aus ihren normalen Positionen herauszutreten. Diese freigesetzten Elektronen können dann durch ein elektrisches Feld innerhalb der Solarzelle gelenkt werden, wodurch ein elektrischer Strom erzeugt wird.

Testen Sie nun Ihr Wissen!

1. **Frage:** Was ist der Photoelektrische Effekt?
   - O a) die Erzeugung von Licht in Solarzellen.
   - O b) die Freisetzung von Elektronen durch Lichtbestrahlung auf einer Metalloberfläche
   - O c) die Wärmeerzeugung durch Licht
2. **Frage:** Wer erklärte den Photoelektrischen Effekt und prägte die Idee der Lichtquanten?
   - O a) Max Planck
   - O b) Albert Einstein
   - O c) Niels Bohr
3. **Frage:** Welche Größe hängt gemäß der Photoelektrischen Gleichung mit der Energie der ausgelösten Elektronen zusammen?
   - O a) Lichtgeschwindigkeit
   - O b) Frequenz des Lichts
   - O c) Lichtstärke
4. **Frage:** Wie verändert sich die kinetische Energie der ausgelösten Elektronen im Photoelektrischen Effekt mit steigender Lichtfrequenz?
   - O a) Sie steigt.
   - O b) Sie bleibt konstant.
   - O c) Sie nimmt ab.
5. **Frage:** Welches ist ein zentrales Postulat des Photoelektrischen Effekts?
   - O a) Elektronen sind nicht von Licht beeinflusst.
   - O b) Die Energie des Lichts ist kontinuierlich.
   - O c) Die Energie des Lichts ist in diskrete Quanten aufgeteilt.

Antworten:

1. b) die Freisetzung von Elektronen durch Lichtbestrahlung auf einer Metalloberfläche

2. b) Albert Einstein

3. b) Frequenz des Lichts

4. a) Sie steigt.

5. c) Die Energie des Lichts ist in diskrete Quanten aufgeteilt.

Arthur Holly Compton (1892–1962):

Arthur Compton war ein amerikanischer Physiker, der für seine Beiträge zur Quantenphysik und insbesondere für die Entdeckung des nach ihm benannten Compton-Effekts bekannt ist.

Geburt und Ausbildung: Arthur Compton wurde am 10. September 1892 in Wooster, Ohio, USA, geboren. Er studierte am College Wooster und schloss 1913 sein Studium ab. Er erwarb später seinen Doktorgrad in Physik an der Princeton University im Jahr 1916.

Erster Weltkrieg: Während des Ersten Weltkriegs diente Compton als Physiker und Ingenieur für die US-Armee. Seine Arbeit konzentrierte sich auf die Entwicklung von Methoden zur Ortung feindlicher Artillerie durch Schallwellen.

Universitäre Laufbahn: Nach dem Krieg setzte Compton seine akademische Karriere fort. Er lehrte Physik an verschiedenen Universitäten, darunter die University of Minnesota und die Washington University in St. Louis.

Entdeckung des Compton-Effekts: 1923 entdeckte Compton den nach ihm benannten Compton-Effekt, der zeigte, dass Röntgenstrahlen bei Streuung an Elektronen ihre Energie verlieren und eine längere Wellenlänge haben. Diese Entdeckung trug dazu bei, die Teilchen-Natur des Lichts zu bestätigen.

Nobelpreis für Physik: Für seine Arbeit am Compton-Effekt erhielt Arthur Compton 1927 den Nobelpreis für Physik. Diese Auszeichnung teilte er sich mit dem Physiker C. T. R. Wilson, der die Entdeckung von atmosphärischen Myon-Teilchen machte.

Spätere Jahre und Tod: In seinen späteren Jahren diente Compton als Präsident der American Physical Society und der American Association for the Advancement of Science. Er starb am 15. März 1962 in Berkeley, Kalifornien, USA.

Streuung von Licht an Elektronen: Der Compton-Effekt

Der Compton-Effekt ist ein physikalisches Phänomen, das zeigt, wie Licht (insbesondere Röntgen- oder Gammastrahlung) mit Elektronen in Wechselwirkung tritt. Der Effekt wurde 1923 von Arthur Compton entdeckt und lieferte starke Beweise für die Teilchen-Natur des Lichts.

Der Compton-Effekt

Betrachten Sie ein Elektron, das sich nicht bewegt, also ruht, und eine einfallende Röntgen- oder Gammastrahlung. Diese elektromagnetische Strahlung hat eine bestimmte Energie und Frequenz. Wenn die Strahlung auf das Elektron trifft, kann es zu einem elastischen Streuprozess kommen. Das bedeutet, dass die Strahlung mit dem Elektron kollidiert und dann gestreut wird, ähnlich wie ein Ball, der im Flug an einer Wand abprallt und in eine andere Richtung weiterspringt.

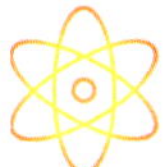

Streuung: Die Streuung ist ein physikalisches Phänomen, bei dem sich Teilchen oder Wellen in verschiedene Richtungen bewegen, nachdem sie auf ein Hindernis oder ein Streuzentrum getroffen sind.

Wellenlängenänderung

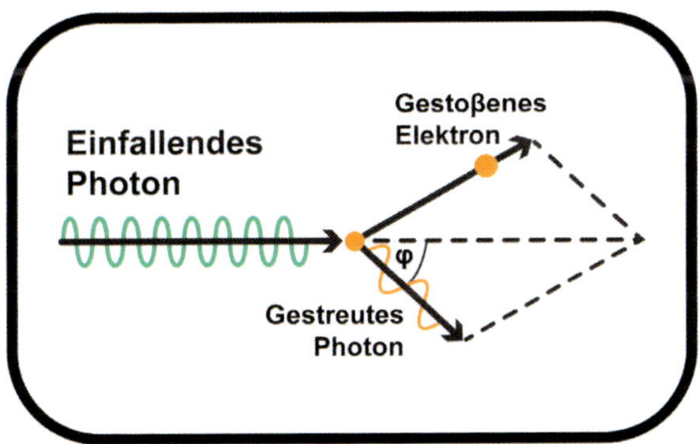

Der Compton-Effekt zeigt, dass die gestreute Strahlung eine längere Wellenlänge (geringere Frequenz) hat als die ursprüngliche einfallende Strahlung, wie beim Ball, der vor dem Wandabprall eine schnellere Geschwindigkeit aufweist als danach. Dies widerspricht der klassischen Vorstellung von Licht als rein elektromagnetische Welle, da die klassische Theorie davon ausging, dass die Energie von Licht kontinuierlich und in allen Frequenzen abgestrahlt wird. Hier verliert das Licht anscheinend etwas und seine Frequenz wird dadurch länger – es ist nicht mehr kontinuierlich. Um dieses Phänomen zu erklären, nutzte Compton die Idee Plancks, dass Licht in „Quanten" existiert (nach Einstein in Lichtphotonen).

Diese Photonen kollidieren mit Elektronen und behalten zwar ihre Energie, aber verlieren einen Teil ihres Impulses an die Elektronen, was zu einer Veränderung der Wellenlänge führt – wie der Ball, der gegen etwas stößt, zwar seine Energie behält, aber einen Teil seiner Geschwindigkeit verliert.

Warum ist das wichtig?

Der Compton-Effekt war eine wichtige Entdeckung, da er half, die Quantennatur des Lichts und anderer elektromagnetischer Wellen zu bestätigen. Compton zeigte zudem auf, dass Photonen Impuls haben, was eine fundamentale Erweiterung des Konzepts war und half, die Eigenschaften von Photonen besser zu verstehen. Der Effekt hat auch praktische Anwendung in der Röntgenspektroskopie und wird in verschiedenen Disziplinen der Physik und Medizin verwendet. Sehen Sie für genauere Beispiele noch einmal in das Kapitel „Quantenobjekt Photon".

Testen Sie nun Ihr Wissen!

1. Frage: Was beschreibt der Compton-Effekt?

O a) die Brechung von Licht beim Übergang zwischen verschiedenen Medien

O b) die Ablenkung von Elektronen in einem Magnetfeld

O c) die Streuung von Photonen an freien Elektronen

2. Frage: Wer entdeckte und erklärte den Compton-Effekt?

O a) Max Planck

O b) Albert Einstein

O c) Arthur Compton

3. Frage: Wie verändert sich die Wellenlänge eines Photons nach dem Compton-Effekt?

O a) Sie bleibt unverändert.

O b) Sie nimmt ab.

O c) Sie nimmt zu.

4. Frage: Welche Größe ist im Compton-Effekt enthalten?

O a) Energie

O b) Impuls

O c) Ladung

5. Frage: Welches ist ein grundlegendes Prinzip, das durch den Compton-Effekt bestätigt wird?

O a) Licht besteht aus Wellen.

O b) Licht besteht aus Teilchen (Photonen).

O c) Licht kann nicht gestreut werden.

Antworten:

1. c) die Streuung von Photonen an freien Elektronen

2. c) Arthur Compton

3. b) Sie nimmt ab.

4. b) Impuls

5. b) Licht besteht aus Teilchen (Photonen).

Das Positron als Beweis? Dirac und die Paarerzeugung

Weiterhin drehte sich alles in der Quantenphysik um die Welle-Teilchen-Natur von Licht. Wie Sie bereits wissen: 1928 stellte der Physiker Paul Dirac seine legendäre Dirac-Gleichung auf. Mit deren Hilfe sagte er ein positiv geladenes Antiteilchen zum negativ geladenen Elektron vorher, das sogenannte Positron.

Diracs Gleichung führte zu der bemerkenswerten Vorhersage, dass der Vakuumzustand nicht leer ist, sondern spontan Elektronen-Positronen-Paare erzeugen kann.

Wenn also ein hochenergetisches Photon in ein elektrisches Feld eintritt und sich in ein Elektron und ein Positron aufspaltet, tritt eine Elektron-Positron-Paarbildung auf. Wie Sie bereits wissen, gibt es in der Welt der winzigen Teilchen Energie, die in verschiedenen Formen auftreten kann. Manchmal ist die Energie so stark, dass sie in Materie umgewandelt wird. Elektronen-Positronen-Paare sind ein Beispiel dafür. Stellen Sie sich vor, Sie haben einen leeren Raum und plötzlich flitzt ein sehr energiereiches Lichtteilchen (ein Photon) hindurch. Diese Energie kann so intensiv sein, dass sie sich in ein Elektron und ein Positron aufteilt.

Schon vier Jahre später wurde diese Paarbildung experimentell bestätigt. Das Positron wurde 1932 von dem amerikanischen Physiker Carl D. Anderson entdeckt. Anderson untersuchte Teilchen mithilfe einer Nebelkammer. Eine Nebelkammer ist ein Detektor, der es ermöglicht, die Spuren geladener Teilchen sichtbar zu machen, indem Wasserdampf kondensiert wird, wenn ein geladenes Teilchen durch die Kammer hindurchgeht. Er beobachtete, dass einige Teilchen darin eine positive Ladung anstelle der erwarteten negativen Ladung aufwiesen. Dieses positiv geladene Teilchen wurde als das Antiteilchen zum Elektron identifiziert und erhielt den Namen „Positron". Die Entdeckung des Positrons und die Theorie von Dirac bestätigten, dass zu jedem Elementarteilchen ein Antiteilchen existiert.

Steckbrief: Carl D. Anderson

1905 wird am 3. September in New York City geboren

1927 erhält seinen Bachelor-Abschluss in Physik an der Caltech

1928 Abschluss des Masterstudiums an der Caltech

1929 promoviert in Physik an der Caltech

1930 Erste Forschungsarbeiten an kosmischer Strahlung

1932 Entdeckung des Positrons am 2. August während der Untersuchung kosmischer Strahlung in einem Nebelkammer-Experiment

1933 Veröffentlichung der Entdeckung des Positrons

1936 Erklärung der positiven Elektronen als Antiteilchen der Elektronen

1939 wird zum Professor an der Caltech ernannt

1971 erhält den Physik-Nobelpreis (zusammen mit Victor Hess) für die Entdeckung des Positrons

1991 stirbt am 11. Januar in San Marino, Kalifornien, USA

Testen Sie nun Ihr Wissen!

1. **Frage:** Welcher Physiker entwickelte die Dirac-Gleichung, die die relativistische Quantenmechanik beschreibt?

   O a) Max Planck

   O b) Paul Dirac

   O c) Werner Heisenberg

2. **Frage:** Was sagt die Dirac-Gleichung über Elektronen voraus?

   O a) die Existenz von Antiteilchen (Positronen)

   O b) die Unschärferelation

   O c) die Quantelung der Energie

3. **Frage:** Was ist die Paarerzeugung?

   O a) die spontane Entstehung von Teilchen-Antiteilchen-Paaren aus dem Vakuum

   O b) die Umwandlung von Elektronen in Protonen

   O c) die Streuung von Photonen an Elektronen

4. **Frage:** Welche Rolle spielen Antiteilchen in der Dirac-Gleichung?

   O a) Sie sind irrelevant.

   O b) Sie sind eine mathematische Anomalie.

   O c) Sie sind notwendig für die Konsistenz der Gleichung.

5. **Frage:** In welchem Jahr wurde die Dirac-Gleichung erstmals veröffentlicht?

   O a) 1910

   O b) 1928

   O c) 1945

Antworten:

1. b) Paul Dirac

2. a) die Existenz von Antiteilchen (Positronen)

3. a) die spontane Entstehung von Teilchen-Antiteilchen-Paaren aus dem Vakuum

4. c) Sie sind notwendig für die Konsistenz der Gleichung.

5. b) 1928

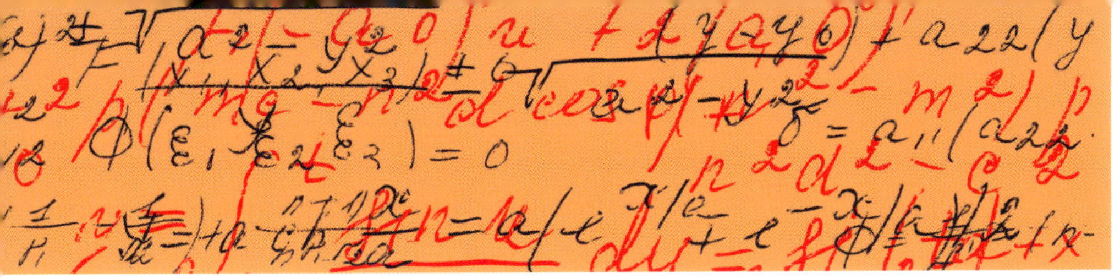

WELLE ALS TEILCHEN

DIE GEBURTSSTUNDE DES WIRKUNGSQUANTUMS

Das Plancksche Wirkungsquantum ist Ihnen bereits beim Photoelektrischen Effekt begegnet. Sie erinnern sich: h wird auch die Planck-Konstante genannt und ist eine der wichtigsten Naturkonstanten in der Quantenmechanik. Stellen Sie sich vor, Sie möchten die Helligkeit Ihres Lichts dimmen. Allerdings bemerken Sie, dass die Helligkeit nur in festen Stufen eingestellt werden kann, zum Beispiel von Stufe 1 bis 10. Sie können die Helligkeit nicht auf einer beliebigen Zwischenstufe einstellen. Das Plancksche Wirkungsquantum funktioniert in etwa wie diese festen Helligkeitsstufen. Wie Sie bereits wissen: Die Energie von Licht oder anderen Teilchen kommt nicht in jeder beliebigen Menge vor, sondern in bestimmten festen Portionen, den sogenannten „Quanten". Ähnlich wie Sie die Helligkeit Ihres Lichts nur auf den festen Stufen einstellen können, kommt die Energie von Teilchen nur in festen Einheiten. Das Plancksche Wirkungsquantum legt also sozusagen die „Helligkeitsstufen" für die Energie von Teilchen fest und erklärt, warum diese nicht kontinuierlich, sondern in diskreten Portionen auftreten.

In einem harmonisch schwingenden quantenmechanischen System findet man daher immer ein ***konstantes*** Verhältnis zwischen der Schwingungsfrequenz und seiner minimalen Energie. Dieses Verhältnis wird durch das Plancksche Wirkungsquantum beschrieben.

Ein klassisches Beispiel für ein harmonisch schwingendes System in der Quantenmechanik ist der harmonische Oszillator, auf den später noch genauer eingegangen wird (sehen Sie in Teil III, Kapitel „Der harmonische Oszillator").

Eine weitere wichtige Eigenschaft der Planck-Konstante ist, dass sie Eigenschaften wie Impuls und Energie von Photonen und Materieteilchen mit ihren Welleneigenschaften wie der Frequenz und der Wellenlänge

verbindet. Diese Verbindung geschieht gemäß dem Welle-Teilchen-Dualismus. In einfachen Worten ausgedrückt: Sie befinden sich wieder auf der Schaukel und die Planck-Konstante stellt einen magischen Verbindungspunkt dar, der den Schwung, den Sie erhalten (Ihren Impuls), mit Ihrer Schaukelfrequenz verbindet. Angenommen, Sie schaukeln schneller. Das bedeutet, dass Ihre Frequenz höher ist. Die Planck-Konstante besagt, dass es eine feste Verbindung zwischen dieser höheren Frequenz und der Energiemenge gibt, die Sie auf der Schaukel erhalten. Je schneller Sie schaukeln (höhere Frequenz), desto mehr Energie (Impuls) erhalten Sie. Dieselbe Idee gilt für Photonen oder Materieteilchen. Die Planck-Konstante hilft, zu verstehen, wie deren Energie und Impuls mit ihrer Wellenfrequenz verbunden sind. Es ist, als ob die Planck-Konstante die Spielregeln für den Austausch von Schwung und Energie auf kleinster Ebene festlegt. Diese Verbindung ist wichtig, wenn Sie die Welt der winzigen Teilchen und ihre Bewegungen verstehen wollen.
Die Planck-Konstante ist eine der wenigen Naturkonstanten mit exakt definiertem Wert.

$$h = 6{,}62607015 \times 10\text{-}34 \text{ Js}$$

Joulesekunden, also Energie multipliziert mit der Zeit, ist die Einheit der Wirkung. Zudem gibt es ebenfalls ein reduziertes plancksches Wirkungsquantum (es ist dieselbe Gleichung, nur durch 2π geteilt), welches als ħ bezeichnet wird. In der Quantenwelt hilft die reduzierte Planck-Gleichung, komplizierte Berechnungen zu vereinfachen, besonders, wenn über Drehungen und Schwingungen gesprochen wird. Sie ist gegenüber der Planck-Konstante einfach „handlicher".

$$\hbar = h/2\pi \approx 1{,}055 \times 10\text{-}34 \text{ Js}$$

An beiden Werten kann man erkennen, dass diese so klein sind, dass sie in der klassischen Physik niemals eine Rolle spielen werden.

Mittels h kann man beispielsweise den Impuls p oder die Energie E eines Photons in Abhängigkeit seiner Frequenz v oder Wellenzahl ῦ bestimmen. So können Sie beispielsweise den Schwung (Impuls) oder die Menge an Energie eines Lichtteilchens herausfinden, nur indem Sie seine Schwingung betrachten. Wenn das Lichtteilchen schnell schwingt (hohe Frequenz), sagt Ihnen die Plancksche Konstante, wie viel Schwung oder Energie es hat:

$$E = h\nu = hc\tilde{\nu} = hc/\lambda = pc$$

Auch die De-Broglie-Wellenlänge λdB von Materiewellen hängt mit dem Impuls p des Materieteilchens auf die gleiche Weise über das plancksche Wirkungsquantum h zusammen:

$$\lambda dB = h/p$$

Und wie genau hängt das zusammen? Stellen Sie sich vor, Sie haben ein winziges Teilchen, zum Beispiel ein Elektron. Jetzt kann dieses Elektron, wie Sie bereits wissen, sowohl wie ein Teilchen als auch wie eine Welle sein. Die De-Broglie-Wellenlänge ist wie der „Welligkeitszustand" dieses Elektrons. Der Impuls (p) dieses Elektrons, wie sehr es also „schubst", ist auf eine besondere Weise mit seiner Wellenlänge verbunden. Hier kommt das Plancksche Wirkungsquantum (h) ins Spiel. Einfach ausgedrückt: Je mehr „Schub" (Impuls) das Elektron hat, desto kürzer ist seine Wellenlänge, und umgekehrt. Es ist, als ob das Elektron entscheidet, wie „wellenartig" es sein will, abhängig davon, wie stark es schiebt.

Das Wirkungsquantum spielt also eine entscheidende Rolle in der Quantenmechanik und stellt eine grundlegende ***Einschränkung*** für die Genauigkeit dar, mit der man gleichzeitig Ort und Impuls eines Teilchens messen kann, wie durch das Heisenbergsche Unschärfeprinzip postuliert, das in etwa besagt: Je mehr Sie über eine Sache (z. B. den Ort) wissen wollen, desto unsicherer wird die andere (z. B. der Impuls) – dazu noch mehr im nächsten Kapitel „Teilchen als Welle".

Es gibt verschiedene Wege, das Wirkungsquantum zu interpretieren, abhängig davon, in welchen Kontext man es stellt:

- **Quantisierung von Energie:** Die Energie eines quantenmechanischen Systems ist quantisiert und kann nur in **ganzzahligen** Vielfachen des Wirkungsquantums auftreten. Das ist besonders relevant für die Erklärung von Phänomenen in der Welt kleinster Teilchen, wie den Energieniveaus von Elektronen in Atomen.
- **Unschärfeprinzip:** Das Heisenbergsche Unschärfeprinzip besagt, dass es eine **fundamentale Grenze** dafür gibt, wie genau gleichzeitig Ort und Impuls eines Teilchens gemessen werden können. Je genauer man den Ort eines Teilchens kennt, desto ungenauer wird der gemessene Impuls und umgekehrt.

- **Wellen-Teilchen-Dualität:** Das Wirkungsquantum trägt zur Beschreibung der Wellen-Teilchen-Dualität bei. Die De-Broglie-Wellenlänge eines Teilchens, dargestellt durch die Gleichung $\lambda = h/p$, veranschaulicht diese Dualität. Sie zeigt, dass die Wellenlänge eines Teilchens umgekehrt proportional zu seinem Impuls und **direkt proportional zum Wirkungsquantum** ist. Dies bedeutet: Je kleiner die Masse des Teilchens ist, desto größer wird seine De-Broglie-Wellenlänge und die Welleneigenschaften des Teilchens werden deutlicher.

Wichtig ist, festzuhalten, dass es sich bei den Planckschen Energiequanten nicht um real existierende Objekte handelt. Die Planckschen Energiequanten sind theoretische Konzepte, die Max Planck eingeführt hat, um das Strahlungsgesetz für Schwarze Körper zu erklären. Diese Quanten repräsentieren diskrete Energieeinheiten, die von einem schwingenden System absorbiert oder emittiert werden können. Es handelt sich dabei nicht um physikalische Teilchen im herkömmlichen Sinne, sondern um abstrakte mathematische Konstrukte, die dazu dienen, das Verhalten von Strahlung auf quantenmechanischer Ebene zu beschreiben. Die Energie eines Systems wird traditionell als Eigenschaft angesehen und die Einführung von Quantenkonzepten hat dazu beigetragen, Phänomene auf mikroskopischer Ebene zu erklären, die mit klassischen Theorien nicht verstanden werden konnten. Dabei ist es eben wichtig, zu betonen, dass die Anwendung von Quantenkonzepten nicht bedeutet, dass diese Quanten als „reale Objekte" im klassischen Sinne existieren, sondern eher als mathematische Hilfsmittel, um bestimmte Beobachtungen und Messungen zu erklären.

Welle als Teilchen unter der Lupe: Das Photon

Einen sehr wichtigen Sprung zur Entdeckung des Photons machte Albert Einstein 1905 mit seiner Arbeit „Über einen die Erzeugung und Verwandlung des Lichtes betreffenden heuristischen Gesichtspunkt. Annalen der Physik, 17 (1905)". Die Kernaussage seiner Arbeit beschreibt er wie folgt:

„Nach der Maxwell'schen Theorie ist bei allen rein elektromagnetischen Erscheinungen, also auch beim Licht, die Energie als kontinuierliche Raumfunktion aufzufassen, während die Energie eines ponderablen Körpers nach der gegenwärtigen Auffassung der Physiker als eine über die Atome und Elektronen erstreckte Summe darzustellen ist."

Diese Aussage bezieht sich auf den Unterschied zwischen der klassischen elektromagnetischen Theorie, wie sie durch die Maxwell-Gleichungen repräsentiert wird, und den Konzepten, die später in der Quantenphysik entwickelt wurden.

Nach den Maxwell-Gleichungen, die das elektromagnetische Verhalten beschreiben, wurde Energie als eine kontinuierliche Raumfunktion aufgefasst. Das bedeutet, dass die Energie in einem elektromagnetischen Feld überall im Raum gleichmäßig verteilt ist.

Im Gegensatz dazu wird in der Quantenphysik, die im frühen 20. Jahrhundert entwickelt wurde – wie Sie in den vorherigen Kapiteln erfahren haben –, die Natur der Energie anders betrachtet, insbesondere durch Max Planck mit seiner Idee der quantisierten Energie, um das Strahlungsgesetz für Schwarze Körper zu erklären. Diese Quantisierung der Energie manifestierte sich in diskreten Einheiten, den sogenannten Energiequanten – oder auch Photonen. Heinrich Hertz und sein Assistent Wilhelm Hallwachs hatten bereits vor Veröffentlichung der Arbeit von Albert Einstein im Jahr 1888 und 1889 ein Experiment entwickelt, welches Klarheit über die Natur des Lichts schaffen sollte – Erwähnung fanden sie in Einsteins Arbeit jedoch nicht explizit.

Steckbrief Heinrich Hertz

1857 geboren am 22. Februar in Hamburg, Deutschland

1888 Entdeckung elektromagnetischer Wellen

1888 Experimente zur Bestätigung der Maxwell-Gleichungen und Elektrodynamik

1894 gestorben am 1. Januar in Bonn, Deutschland

Steckbrief Wilhelm Hallwachs

1859 geboren am 11. November in Königsberg, Preußen

1888 Untersuchungen zum Photoelektrischen Effekt

1899 Charakterisierung der photoelektrischen Eigenschaften

1922 gestorben am 20. Juni in Potsdam, Deutschland

Der Hallwachs-Versuch

Der Hallwachs-Versuch gilt als Vorläufer des Photoelektrischen Effekts, fand jedoch zu seiner Zeit wenig Anerkennung. Die Bedeutung der Ergebnisse dieses Versuchs wurde erst später erkannt, sie gelten heute als Beweis für die Quantenhypothese.

Der Hallwachs-Versuch wird außerdem als ein ***experimentum crucis*** bezeichnet, also ein Experiment, das am Kreuzweg zwischen zwei verschiedenen Hypothesen die Entscheidung zu dieser oder zu jener Hypothese hin bringt. Er untersuchte den Einfluss von Licht auf die Elektrizität an Metalloberflächen:

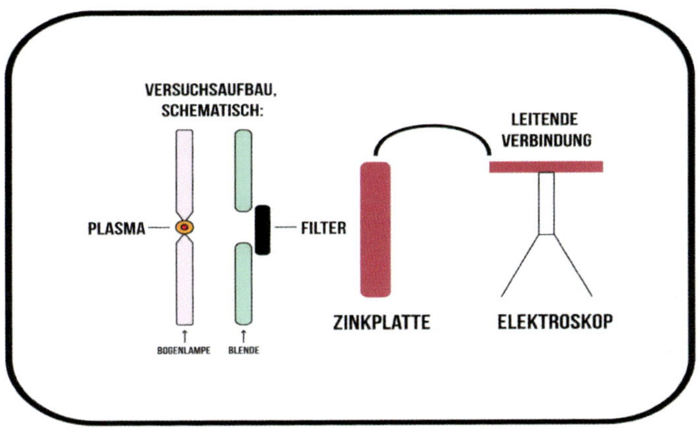

In dem Versuch wurde eine Zinkplatte mit einer sogenannten Kohlebogenlampe bestrahlt. Diese erzeugt mehrere tausend Grad heißes Plasma vorwiegend im UV-Bereich aufgrund der hohen Temperaturen. Die Zinkplatte wurde verwendet, da diese eine hohe Elektronegativität aufweist, das heißt, Elektronen lösen sich sehr leicht aus dem Metall. Zum Nachweis der Ladung wurde ein Elektroskop verwendet.

Ergebnis

- **Zinkplatte ist ungeladen:** Bei Bestrahlung keine Änderung des Ladungsabflusses
- **Zinkplatte ist positiv geladen:** Bei Bestrahlung keine Änderung des Ladungsabflusses

- **Zinkplatte ist negativ geladen:** Bei Bestrahlung fließt die Ladung sofort ab, was durch das Elektroskop sichtbar wird

Schlussfolgerung

Durch den sofort eintretenden Ladungsabfluss nach Einschaltung der Lichtquelle wird der Wellencharakter des Lichts widerlegt. Schätzungen zufolge hätte es einen Moment gedauert, bis die Elektronen genug Energie aus einer Welle aufgenommen und sich dann aus dem Metall gelöst hätten.

Zusammenfassung des Experiments:

- **Ladung an Metalloberflächen:** Hallwachs interessierte sich dafür, wie sich Licht auf die elektrische Ladung an Metalloberflächen auswirkt. Er beobachtete, dass Licht Elektronen aus der Metalloberfläche herauslösen konnte.
- **Photoelektrischer Effekt:** Der von Hallwachs beobachtete Effekt ähnelt dem später genauer untersuchten photoelektrischen Effekt. Dieser Effekt besteht darin, dass Licht auf eine Metalloberfläche trifft und Elektronen aus dem Material herausgelöst werden. Die herausgelösten Elektronen erzeugen einen elektrischen Strom.
- **Potentialdifferenz:** Hallwachs erkannte, dass die kinetische Energie der herausgelösten Elektronen von der Frequenz des eingestrahlten Lichts abhängt. Er beobachtete auch, dass es eine charakteristische Grenzfrequenz gibt, unterhalb derer der Effekt nicht auftritt.

Das Photon als „richtiges" Teilchen

Der Begriff des „Energieteilchens" für das Photon wurde nach einigen Widerlegungsversuchen nun endlich auch unter den Physikern allgemein anerkannt. Ein richtiges Teilchen, wie z. B. das Materieteilchen Elektron, ist es aber noch lange nicht. Vergleichbar wäre es nur, wenn das Photon eine (Ruhe-)Masse besitzen würde oder Impulse übertragen könnte.

Eine Masse besitzt das Photon nicht, doch kann es wie andere Materieteilchen Impulse übertragen? Und wie Sie bereits wissen und wenn Sie sich an den Strahlungsdruck erinnern: Ja, können sie. Die Impulsübertragung zwischen Strahlung und Materie ist ein wichtiges Konzept in der Quantenphysik. Es wird durch das Wechselwirkungsprinzip von Impuls und elektromagnetischer Strahlung beschrieben:

$$\Delta p = F \times \Delta t$$

Hierbei steht **Δp für die Änderung des Impulses, F für die auf ein Objekt wirkende Kraft und Δt für die Zeitdauer der Wechselwirkung.**
Die Photonen als Quanten der elektromagnetischen Strahlung besitzen einen Impuls. Dieser ist proportional zu seiner Wellenlänge **λ**

$$|p| = h/\lambda$$

Hierbei ist h das bereits bekannte Plancksche Wirkungsquantum.
Photonen können also Impulse übertragen, wenn sie auf ein Objekt treffen. Zunutze macht man sich dies z. B. bei Raumsonden oder Satelliten. Sie erinnern sich: Diese erfahren einen Impuls vom Strahlungsdruck der Sonne, welcher von Photonen erzeugt und übertragen wird. Dieser Effekt ist zwar sehr klein, aber aufgrund der großen Anzahl von Photonen in der Sonnenstrahlung signifikant.

Der Impulsaustausch zwischen elektromagnetischer Strahlung und Materie wurde erstmals 1923 nachgewiesen. Der Effekt wurde nach seinem Entdecker benannt, der Ihnen bereits bekannte Compton-Effekt. Für weitere Informationen lesen Sie dazu im Kapitel „Streuung von Licht an Elektronen: Der Compton-Effekt" noch einmal nach.

Und das Fazit: Die Korpuskel-Welle

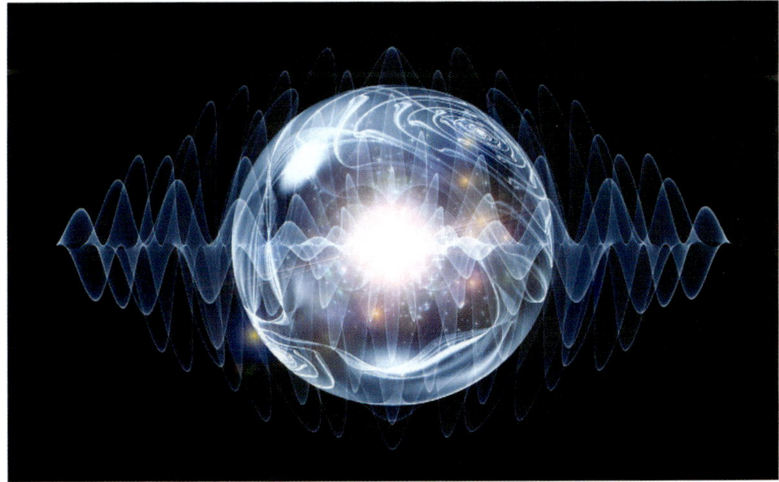

Das Fazit des ganzen Kapitels: Elektromagnetische Wellen verhalten sich also oft auch eindeutig wie Wellen, dennoch manchmal eben auch als Teilchen, Korpuskel, Partikel oder welche Bezeichnung man auch dafür wählen möchte.

Hier kommt der Begriff des Dualismus ins Spiel. Unter bestimmten Bedingungen, wie bei Phänomenen von Interferenz und Beugung, zeigt Licht ein wellenartiges Verhalten, unter anderen Bedingungen manifestiert sich der Teilchencharakter des Lichts in Phänomenen wie dem Photoeffekt, bei dem Licht Elektronen aus einem Material herausschlagen kann – eine recht unbefriedigende Lösung, die bisher noch nicht aufgelöst werden konnte. Folgende Erkenntnisse haben Sie nun gewonnen:

1. Photonen sind die Teilchen des Lichts, sie sind (ruhe-)masselos, können aber Impulse übertragen.
2. Breiten sich elektromagnetische Wellen, also Licht, aus, so tun sie dies in Wellenform und mit Lichtgeschwindigkeit (Wellencharakter).
3. Bei der Wechselwirkung mit Materieteilchen kommt der Teilchencharakter des Lichts zum Tragen.

Testen Sie nun Ihr Wissen!

1. **Frage:** Was ist die entscheidende Eigenschaft der Planck-Konstante?
   - O a) Sie verbindet Welle- und Teilcheneigenschaften von Teilchen miteinander.
   - O b) Mithilfe der Planck-Konstante kann die Lichtgeschwindigkeit bestimmt werden.
   - O c) Die Planck-Konstante hat mit der Gravitation zu tun.
2. **Frage:** Welches ist die wichtigste Beobachtung des Hallwachs-Versuchs?
   - O a) Es passiert nichts und damit wird der Wellencharakter von Teilchen bewiesen.
   - O b) die Entdeckung der elektromagnetischen Induktion
   - O c) Licht kann Elektronen aus Metalloberflächen lösen.
3. **Frage:** Welcher Begriff wurde für das Photon eingeführt?
   - O a) Energieteilchen
   - O b) Partikelstrahler
   - O c) Streuungspunktteilchen
4. **Frage:** Welche Eigenschaften von Photonen sind richtig?
   - O a) sehr schwere Teilchen und können Impulse übertragen
   - O b) masselos und können Impulse übertragen
   - O c) bewegen sich mit Lichtgeschwindigkeit und können keine Impulse übertragen
5. **Frage:** Wer war an der Entwicklung des Wirkungsquantums maßgeblich beteiligt?
   - O a) Albert Einstein
   - O b) Heinrich Hertz
   - O c) Max Planck

Antworten:

1. a) Sie verbindet Welle- und Teilcheneigenschaften von Teilchen miteinander.
2. c) Licht kann Elektronen aus Metalloberflächen lösen.
3. a) Energieteilchen
4. b) masselos und können Impulse übertragen
5. c) Max Planck

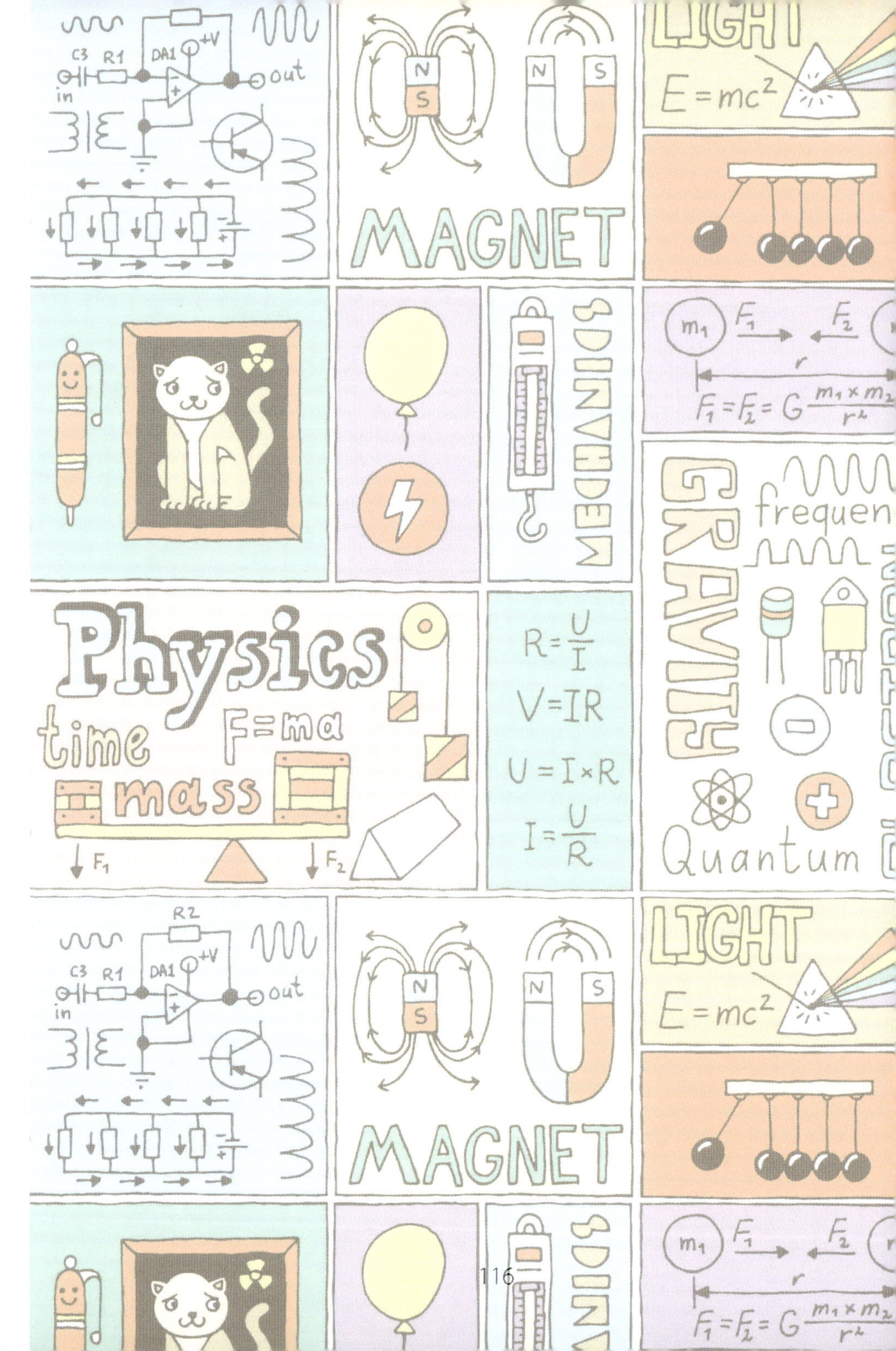
Physics
time
F=ma
mass
F_1
F_2
MAGNET
N
S
LIGHT
$E=mc^2$
MECHANICS
GRAVITY
frequen
Quantum
$R=\frac{U}{I}$
$V=IR$
$U=I\times R$
$I=\frac{U}{R}$
m_1
r
$F_1=F_2=G\frac{m_1\times m_2}{r^2}$
C3
R1
R2
DA1
+V
in
out

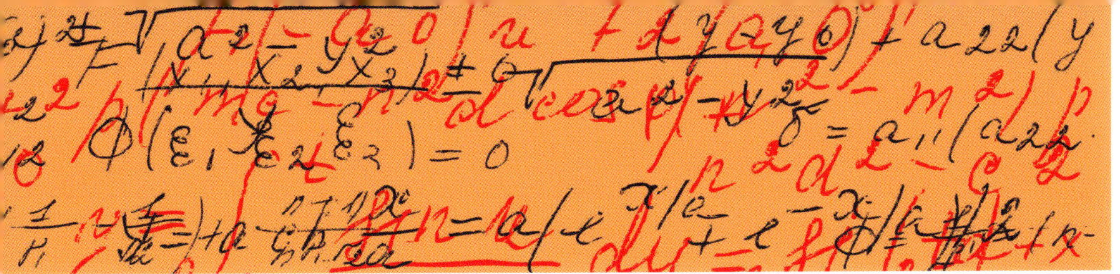

TEILCHEN ALS WELLE

Die Heisenbergsche Unschärferelation

Gedankenexperiment: Hält man in der Hand eine Schnur, kann man diese durch eine Auf-und-Ab-Bewegung der Hand wellenförmig bewegen. Stellen Sie sich nun die Frage, wo die Welle ist, so wird es darauf keine eindeutige Antwort geben. Sie können aber die Wellenlänge messen, indem Sie den Abstand zwischen zwei Bergen oder Tälern messen. Bewegt man die Hand nun nur einmal hoch und wieder runter, entsteht ein Berg entlang der Schnur. Hier die Frage nach dem „Wo" zu beantworten, ist schon einfacher. Allerdings ist die Messung der Wellenlänge unmöglich. Daraus ergibt sich eine generelle Problematik, wenn man Wellen betrachtet: Je genauer man den Ort einer Welle bestimmen kann, desto schwieriger ist die Zuordnung einer Wellenlänge.

Schaut man sich nun beispielsweise ein Elektron an, so kommt hierbei wieder der Welle-Teilchen-Dualismus ins Spiel. Demnach hat ein Elektron nicht nur Teilcheneigenschaften, sondern zeigt unter bestimmten Bedingungen auch die Eigenschaften, die man eigentlich Wellen zuordnet. Eine bekannte Formel, die Wellen- und Teilcheneigenschaften vereint, ist die De-Broglie-Gleichung. Im Kapitel „Die De-Broglie-Gleichung" finden Sie dazu vertiefende Informationen.

$$h/\lambda = p$$

Wie Sie sich erinnern, an dieser Gleichung ist zu erkennen, dass eine genaue Bestimmung der Wellenlänge zu einem ungenaueren Wert für den Impuls des Teilchens führt. Zieht man nun Rückschlüsse auf das Gedankenexperiment mit der Schnur, kann man folgende Regeln definieren:

Je genauer man den Ort eines Teilchens bestimmen kann, desto weniger genau ist der Wert seines Impulses zu definieren.

Das beschreibt die Aussage der Heisenbergschen Unschärferelation. Sie ist eine unvermeidbare Konsequenz der Wellennatur von Materie. Des Weiteren führt die Wellennatur der Materie zur Unbestimmtheit bzw. Ungenauigkeit ihrer Teilcheneigenschaften. Wichtig dabei zu verstehen ist, dass die Ungenauigkeit der Teilcheneigenschaften nichts mit der Ungenauigkeit von Messinstrumenten zu tun hat. Man bezeichnet diese Ungenauigkeit oder Unbestimmbarkeit auch als „**Unschärfe**".
Folgende Formeln spielen bei der Heisenbergschen Unschärferelation eine wichtige Rolle:

$$\Delta x \Delta p \geq \hbar/2$$

Δx stellt dabei die Unschärfe im Ort und Δp die Unschärfe im Impuls dar. $\hbar$ ist das reduzierte Plancksche Wirkungsquantum, welches bereits im Kapitel „Die Geburtsstunde des Planckschen Wirkungsquantums" erläutert wurde. Auch die folgende Gleichung wird häufiger verwendet:

$$\Delta x \Delta p \geq h/4\pi$$

Der einzige Unterschied besteht darin, dass hierbei das Plancksche Wirkungsquantum anstelle des reduzierten Planckschen Wirkungsquantums benutzt wird.

Bedeutung der Heisenbergschen Unschärferelation

Die Unschärfe, sprich die Unbestimmbarkeit bzw. Ungenauigkeit, führt dazu, dass Messungen an identisch präparierten Systemen zu unterschiedlichen Messergebnissen führen. Werden beispielsweise an dem exakt gleichen System die Impulse mehrmals hintereinander gemessen, wird man mit großer Wahrscheinlichkeit bei jeder Messung unterschiedliche Zahlen erhalten. Mit fehlerhaften Messinstrumenten hat dies allerdings nichts zu tun, sondern es ist auf die Unschärfe von Impuls und Ort zurückzuführen.

Wenn die Streuung der Ortswerte klein ist, bedeutet dies, dass Sie den Ort des Teilchens mit hoher Genauigkeit kennen. Gleichzeitig besagt die Unschärferelation jedoch, dass die Streuung der Impulswerte groß sein wird. Das bedeutet, dass Sie den Impuls des Teilchens weniger genau bestimmen können, wenn Sie den Ort mit hoher Genauigkeit kennen.

Umgekehrt, wenn die Streuung der Impulswerte klein ist (wir den Impuls also mit hoher Genauigkeit kennen), wird die Streuung der Ortswerte groß sein. Das bedeutet, dass Sie den Ort des Teilchens weniger genau bestimmen können, wenn Sie den Impuls mit hoher Genauigkeit kennen.

Wellenfunktion I: Wellen

Um den Zustand eines Teilchens in der Quantenmechanik zu beschreiben, benötigt man die Wellenfunktion. In der klassischen Physik würden Sie den Ort des Teilchens und beispielsweise seine Geschwindigkeit oder seinen Impuls angeben, um seinen Zustand zu beschreiben. In der Quantenmechanik ist das allerdings nicht ganz so einfach. Die Wellenfunktion in der Quantenmechanik ist wie eine Art „Wahrscheinlichkeitswelle" für Teilchen. Stellen Sie sich vor, Sie haben eine Kiste, in der sich ein winziges Teilchen befindet, das sich irgendwo darin bewegen kann. Die Wellenfunktion sagt Ihnen, wie wahrscheinlich es ist, das Teilchen an verschiedenen Stellen in der Kiste zu finden. Und warum dann Welle? Denken Sie an einen Stein, den Sie in einen ruhigen Teich werfen. Die Wellen, die sich ausbreiten, zeigen Ihnen, wie der Stein den Teich beeinflusst. Ähnlich zeigt die Wellenfunktion, wie sich die Anwesenheit des Teilchens im Raum ausbreiten könnte. Die Wellenfunktion selbst ist eine mathematische Funktion, die von der Position abhängt. Wenn Sie die Wellenfunktion an einem bestimmten Punkt im Raum betrachten, können Sie die Wahrscheinlichkeit berechnen, das Teilchen dort zu finden. Je höher die Wellenfunktion an einem Ort ist, desto wahrscheinlicher ist es, das Teilchen dort zu entdecken.

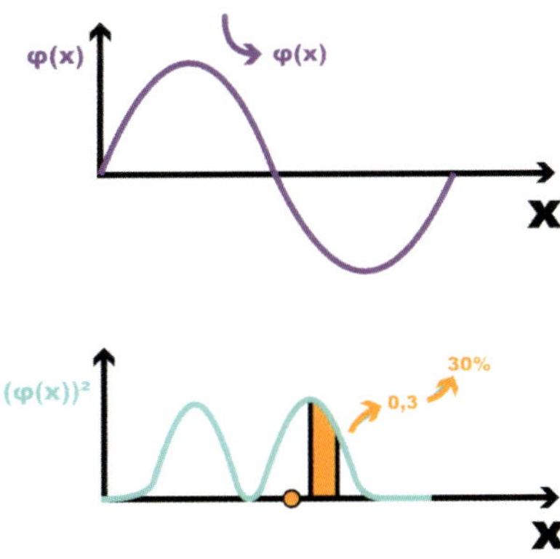

Die Wellenfunktion wird mit dem griechischen Buchstaben Psi (ψ) bezeichnet und ist abhängig von einer Ortskoordinate, z. B. x, also $\psi(x)$. Man kann eine typische Wellenfunktion gegen die Koordinate x in einem Koordinatensystem auftragen.

Während man in der klassischen Physik genau angeben kann, dass sich ein Teilchen am Ort x befindet, kann man mithilfe der Wellenfunktion in der Quantenmechanik nur noch Wahrscheinlichkeitsverteilungen für die Position eines Teilchens angeben. Das bedeutet: Möchten Sie wissen, mit welcher Wahrscheinlichkeit das Teilchen an einem Ort x ist, so kann man nun die Fläche unter der aufgetragenen Kurve des Betragsquadrates berechnen. Das Ergebnis gibt die prozentuale Wahrscheinlichkeit an, mit der sich das Teilchen in diesem Bereich befindet.

Wellenfunktion II: Der Doppelspalt-Versuch

Das Doppelspaltexperiment von Thomas Young, welches er im Jahr 1801 durchführte, war ein bahnbrechendes Experiment, das die Vorstellung der Menschen von der Natur des Lichts grundlegend veränderte. Heute ist es eines der Schlüsselexperimente der Quantenphysik, welche das Verständnis von Licht und Materie revolutioniert haben.

Aufbau

Thomas Young platzierte eine Lichtquelle vor einer Wand. Zwischen der Lichtquelle und der Wand wurde eine lichtundurchlässige Platte platziert, welche mit zwei dünnen, nebeneinanderliegenden Spalten versehen war, um das Licht hindurchzulassen.

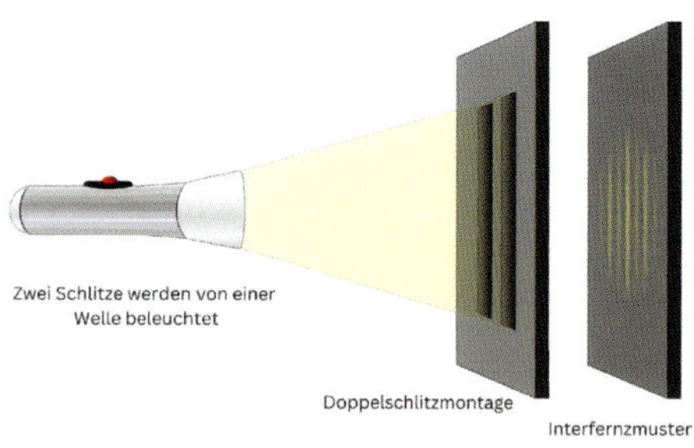

Beobachtung

Young beobachtete, dass das Licht, welches durch die beiden Spalten auf die Wand fiel, ein Interferenzmuster erzeugte, bestehend aus abwechselnd hellen und dunklen Streifen. Sie erinnern sich: Interferenz tritt bei der Interaktion von zwei Wellen auf, deren Wellenlängen jeweils ein Vielfaches voneinander sind. Wenn Wellen sich überlagern und dabei ihre Höchstmaße aufeinandertreffen, verstärken sich diese. Dieses Phänomen wird als **konstruktive Interferenz** bezeichnet. Treffen Höchstmaß und Mindestmaß aufeinander, eliminieren sich diese. Das bezeichnet man als **destruktive Interferenz**.

Interpretation

Das Interferenzmuster konnte nicht durch die Annahme erklärt werden, dass das Licht als klassisches Teilchen, wie beispielsweise kleine Kugeln, zu betrachten ist. Dann würde man bei dem Experiment zwei helle Streifen auf der Wand erwarten. Stattdessen konnte man das Ergebnis nur durch die Annahme interpretieren, dass das Licht Welleneigenschaften besitzt.

Schlussfolgerung

Youngs Doppelspaltexperiment lieferte experimentelle Beweise dafür, dass Licht sowohl Wellen- als auch Teilcheneigenschaften hat. Dieses Phänomen wurde, wie bereits erwähnt, als Wellen-Teilchen-Dualismus bezeichnet. Die Lichtwelle zeigt ein Interferenzmuster, welches auf die Welleneigenschaften des Lichts hindeutet. Gleichzeitig trat das Licht auf dem Schirm auch in Form von diskreten Teilchen, später als Photonen bezeichnet, auf. Das bedeutet, dass Licht sowohl als Welle als auch als Strom von diskreten Teilchen betrachtet werden kann.

Wellenfunktion III: Wellen in Potenzialen / Wellenpakete

Die Schrödinger-Gleichung des freien Teilchens

Die Schrödinger-Gleichung ist die Basis für fast alle Anwendungen in der Quantenmechanik. Mit ihr wird in Form einer partiellen Differenzialgleichung die Veränderung eines physikalischen, nicht relativistischen Zustands beschrieben. „Physikalische, nicht relativistische Zustände" bedeutet, dass die Gleichung in Situationen angewendet wird, in denen die Geschwindigkeiten der Teilchen viel kleiner als die Lichtgeschwindigkeit sind. Für solche langsamen Geschwindigkeiten funktioniert die Schrödinger-Gleichung sehr gut. Die Gleichung selbst ist eine mathematische Formel, eine partielle Differenzialgleichung. Sie sagt im Wesentlichen aus, wie sich die Wahrscheinlichkeitsverteilung für das Vorhandensein von Teilchen an verschiedenen Orten im Raum mit der Zeit ändert.

Exkurs partielle Differenzialgleichung

Partielle Differenzialgleichungen (PDG) sind Gleichungen, die Funktionen von mehreren Variablen und deren partielle Ableitungen in Bezug auf diese Variablen enthalten. Im Gegensatz zu gewöhnlichen Differenzialgleichungen, die nur eine unabhängige Variable berücksichtigen, behandeln partielle Differenzialgleichungen Funktionen, die von mehreren unabhängigen Variablen abhängen.

Die allgemeine Form einer partiellen Differenzialgleichung für eine Funktion $u(x_1, x_2, \ldots, x_n)$ sieht folgendermaßen aus:

$$F\left(x_1, x_2, \ldots, x_n, u, \frac{\partial u}{\partial x_1}, \frac{\partial u}{\partial x_2}, \ldots, \frac{\partial u}{\partial x_n}, \frac{\partial^2 u}{\partial x_1^2}, \frac{\partial^2 u}{\partial x_1 \partial x_2}, \ldots, \frac{\partial^2 u}{\partial x_n^2}, \ldots\right) = 0.$$

Hier repräsentieren

- u die unbekannte Funktion,
- $x_1, x_2, \ldots, x_n$ die unabhängigen Variablen,
- $\partial u/\partial x_i$ die partiellen Ableitungen von u nach der jeweiligen Variablen
- F eine Funktion, die u und seine Ableitungen enthält.

Zusammengefasst versucht die Gleichung, eine Funktion u zu finden, die bestimmten Bedingungen unterliegt, die durch die partiellen Ableitungen und die Funktion F festgelegt sind. Das Lösen dieser Gleichung ermöglicht es, die Funktion u zu bestimmen, die das gewünschte Verhalten in Bezug auf die unabhängigen Variablen aufweist.

Die zeitunabhängige Schrödinger-Gleichung

Die zeitunabhängige Schrödinger-Gleichung beschreibt stationäre Zustände und die Energieeigenwerte eines quantenmechanischen Systems. Sie lautet

$$\mathbf{H\psi = E\psi},$$

wobei ψ die Wellenfunktion des Systems, die von den Raumkoordinaten abhängt, H der Hamilton-Operator und E die Energie des Systems ist.

Mit dem Verlauf der Zeit verändert sich die Wellenfunktion aufgrund des sogenannten Hamilton-Operators.

Mit dem Hamilton-Operator werden also Energie und Zeitentwicklungen angegeben. Somit verändert die Wellenfunktion in Abhängigkeit von der Zeit ihre Form. Damit werden Prozesse wie Ausbreitung, Streuung und Interferenz von Teilchen beschrieben. Die Energieniveaus der Teilchen werden ebenfalls mit der Schrödinger-Gleichung beschrieben.
Die Schrödinger-Gleichung lässt sich aus der klassischen Physik nicht herleiten. Bei ihr handelt es sich um ein Postulat aus der Quantenmechanik. Das bedeutet, es ist eine Aussage, die als grundlegende Annahme oder grundlegendes Axiom betrachtet wird und nicht aus anderen Prinzipien abgeleitet oder bewiesen wird. Stattdessen werden Postulate akzeptiert, weil sie in Übereinstimmung mit experimentellen Beobachtungen stehen und sich als nützlich für die Beschreibung von Phänomenen erweisen.

Exkurs Hamilton-Operator

In der Quantenmechanik ist die Schrödinger-Gleichung eine fundamentale Gleichung, die die zeitliche Entwicklung eines quantenmechanischen Systems beschreibt. Der Hamilton-Operator (H) ist ein zentraler Bestandteil dieser Gleichung und repräsentiert die Gesamtenergie des Systems.

Der Hamilton-Operator enthält zwei Hauptkomponenten:

1. Kinetischer Energie-Operator (T): Dieser Teil des Hamilton-Operators repräsentiert die kinetische Energie der Teilchen im System.
2. Potenzieller Energie-Operator (V): Dieser Teil des Hamilton-Operators repräsentiert die potentielle Energie des Systems in einem externen Potentialfeld. Dieses hängt von den räumlichen Koordinaten ab.

Der gesamte Hamilton-Operator (H) ist dann die Summe des kinetischen und potenziellen Energie-Operators:

H=T+V.

Die Lösungen der Schrödinger-Gleichung liefern die erlaubten Wellenfunktionen (ψ) und die zugehörigen Energien (E) des quantenmechanischen Systems. Die Wellenfunktion beschreibt die Wahrscheinlichkeitsamplitude, ein Teilchen an einem bestimmten Ort und mit einer bestimmten Energie zu finden. Der Hamilton-Operator spielt somit eine zentrale Rolle bei der Formulierung und Lösung quantenmechanischer Probleme.

Die zeitabhängige Schrödinger-Gleichung

Die zeitabhängige Schrödinger-Gleichung beschreibt die zeitliche Entwicklung der Wellenfunktion eines quantenmechanischen Systems. In der allgemeinen Form lautet sie

$$i\hbar(\partial v/\partial t) = H\psi,$$

wobei:

- i die imaginäre Einheit ist,

- ħ das reduzierte Plancksche Wirkungsquantum,

- ψ die Wellenfunktion des Systems, die von den räumlichen Koordinaten und der Zeit abhängt,

- t die Zeit,

- H der Hamilton-Operator, der den Gesamtenergieoperator des Systems repräsentiert.

Die zeitabhängige Schrödinger-Gleichung erklärt, wie sich die Wellenfunktion eines quantenmechanischen Systems im Laufe der Zeit verändert. Die Lösungen dieser Gleichung ermöglichen es, die zeitliche Entwicklung von quantenmechanischen Zuständen zu verstehen.

Teilchen im Topf mit endlichem Potenzial

Der unendliche Potenzialtopf ist ein klassisches Beispiel zur Anwendung der Schrödinger-Gleichung. Folgendes Szenario können Sie sich vorstellen: Sie haben eine Box, die endlos lang ist, aber auf beiden Seiten begrenzt ist, wie ein langer Tunnel ohne Ende. In dieser Box gibt es ein winziges Teilchen, das sich nur innerhalb der Box bewegen kann. Aber hier ist der Clou: Das Teilchen kann die Wände der Box nicht durchdringen – es kann nicht entkommen. Diese Box mit den begrenzten Wänden ist wie ein „unendlicher Potenzialtopf" in der Quantenmechanik. Das bedeutet, dass das Teilchen innerhalb der Box gefangen ist und nicht herauskommen kann, egal, wie sehr es sich bemüht. In der Quantenmechanik werden solche Modelle verwendet, um das Verhalten von Teilchen zu verstehen. Im Fall des unendlichen Potenzialtopfes interessieren Sie sich dafür, wie sich das Teilchen innerhalb der Box verhält und wie seine Energie aussieht. In diesem Modell können Sie dann sehen, dass das Teilchen bestimmte Energieniveaus hat, die es innerhalb der Box einnehmen kann. Diese Energieniveaus sind wie die „erlaubten Ebenen", auf denen das Teilchen hüpfen kann. Der unendliche Potenzialtopf ist also ein einfaches Modell, das Ihnen hilft, zu verstehen, wie Teilchen in begrenzten Räumen gefangen sind und wie sich ihre Energie verhält.

Das Tunneln

Der Tunneleffekt ist einer der spektakulärsten Effekte in der Quantenmechanik. Stellen Sie sich ein Buch und eine Murmel vor. Die Murmel wird gegen das Buch geschnipst und kann dieses nach Beispiel der klassischen Physik natürlich nicht durchdringen, sie prallt ab. Wenn aber Murmel und Buch sehr klein sind, sie sich nun also auf Quantenebene befinden, dann kann es passieren, dass die Murmel das Buch tatsächlich durchdringt. Diesen Effekt bezeichnet man als den Tunneleffekt.

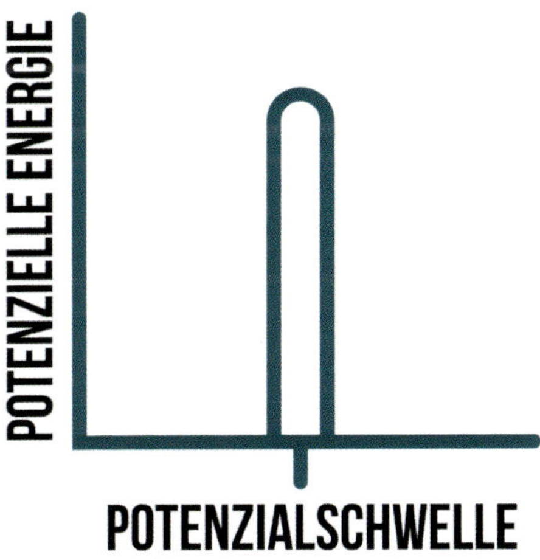

Wie aber funktioniert das Ganze? Das Buch stellt eine Potenzialschwelle dar, welche die Murmel aus Sicht der klassischen Physik nicht überwinden kann, ohne potenzielle Energie aufzuwenden. In der Quantenmechanik wissen Sie aber nun, dass man einem Teilchen, also der Murmel, auch Welleneigenschaften zuordnen kann. Man spricht dann von der Wellenfunktion ψ. Wie Sie nun auch wissen, ist die Welle an sich nicht messbar, man kann aber die Wahrscheinlichkeitsdichte des Teilchens mit dem Betragsquadrat von ψ bestimmen. Was passiert nun mit der Wahrscheinlichkeitsdichte, wenn die Murmel auf das Buch trifft?

Ein großer Teil wird am Buch reflektiert. Ein gewisser kleinerer Teil kann aber auch das Buch durchqueren. Es besteht also eine geringe Wahrscheinlichkeit, dass die Murmel das Buch durchdringt. Wenn man die Flächen des reflektierten und des durchgelassenen Teils kennt, kann man die Wahrscheinlichkeit angeben, mit der das Teilchen das Hindernis durchdringt. Je breiter und höher dabei ein Hindernis ist, desto weniger wahrscheinlich ist es, dass das Teilchen das Hindernis durchdringt. Daher kommt dieser Effekt in der Makrowelt auch nicht zum Tragen.

Schrödinger und das Wasserstoffatom

Im Jahr 1926 präsentierte Schrödinger seine Wellenmechanik, eine neue Formulierung der Quantenmechanik, die auf Wellenfunktionen basiert. Das Wasserstoffatom wurde zu einem zentralen Testfall für diese neue

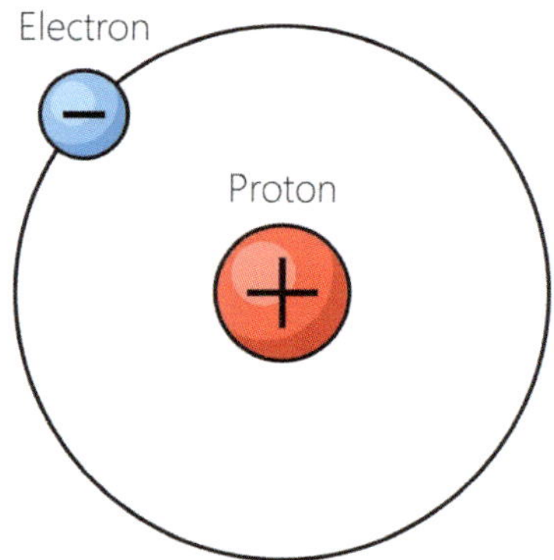

Theorie. Die klassische Vorstellung eines Elektrons, das um den Atomkern kreist, erwies sich als problematisch, da es den Gesetzen der klassischen Mechanik widersprach. Schrödinger ging davon aus, dass Elektronen mehr als nur Partikel waren, und schlug vor, dass sie auch Wellencharakteristika aufwiesen. Bei der Anwendung seiner Theorie auf das Wasserstoffatom löste Schrödinger die Gleichung und fand eine Reihe von erlaubten Energiezuständen für Elektronen. Diese Zustände wurden durch drei, Ihnen bereits bekannte, Quantenzahlen beschrieben.

Ein faszinierender Aspekt der Schrödingerschen Wellenmechanik ist die Beschreibung der Wellennatur der Elektronen. Anders als in der klassischen Physik kann ein Elektron nicht genau an einem bestimmten Ort lokalisiert werden. Stattdessen gibt Ihnen die Wellenfunktion die Wahrscheinlichkeit an, das Elektron an verschiedenen Orten zu finden. Dies steht im Einklang mit der Heisenbergschen Unschärferelation.

Schrödingers Wellenmechanik führte zu einer deutlichen Verbesserung des Verständnisses des Wasserstoffatoms und der Struktur von Atomen im Allgemeinen. Seine Theorie ermöglichte es, die diskreten Energieniveaus der Elektronen genau vorherzusagen und die Wahrscheinlichkeitsverteilung der Elektronen um den Kern herum zu beschreiben.

Exkurs Gedankenexperiment Schrödingers Katze

Im Jahr 1935 entwarf der österreichische Physiker Erwin Schrödinger ein bemerkenswertes Gedankenexperiment, das zu einem der berühmtesten in der Welt der Quantenmechanik wurde: Schrödingers Katze. Diese fiktive Katze befindet sich in einer abgeschlossenen Kiste, begleitet von einem Zerfallsmechanismus, einem Geiger-Müller-Zähler und einem Fläschchen mit Giftgas.

Die Schlüsselidee liegt in einem quantenmechanischen Phänomen: Ein instabiles Teilchen hat eine 50-prozentige Wahrscheinlichkeit, zu einem bestimmten Zeitpunkt zu zerfallen. Solange die Kiste verschlossen ist und nicht beobachtet wird, existiert das Teilchen in einem Superpositionsstatus von Zerfallen und Nicht-Zerfallen. Dies führt zu einer paradoxen Situation: Ist die Katze gleichzeitig lebendig und tot?

Schrödingers Gedankenexperiment wirft fundamentale Fragen auf. Es verdeutlicht das sogenannte Messproblem in der Quantenmechanik, bei dem die Beobachtung den Zustand eines Systems bestimmt. Diese Unsicherheit und Überlagerungszustände sind charakteristisch für die Quantenwelt. Es gibt verschiedene Interpretationen dieses Gedankenexperiments. Die Kopenhagener Interpretation besagt, dass der Akt der Beobachtung den Zustand „kollabieren" lässt. Alternativ postuliert die Viele-Welten-Interpretation, dass das Universum in verschiedene Zweige aufgeteilt wird, in einem stirbt die Katze, im anderen lebt sie.

Schrödingers Katze hat zu fortlaufenden Diskussionen und philosophischen Untersuchungen geführt, wie Quantensysteme beobachtet und gemessen werden. Das Gedankenexperiment bleibt ein faszinierender Einblick in die rätselhafte Natur der Quantenmechanik, die die Grenzen unserer klassischen Intuition herausfordert.

Testen Sie nun Ihr Wissen!

1. **Frage:** Wie gibt man in der Quantenmechanik Orte für Teilchen an?
   - O a) mithilfe von Vektoren
   - O b) Gar nicht, es können nur Wahrscheinlichkeitsdichten angegeben werden
   - O c) mit der Planck-Konstante zur Berechnung des genauen Ortes
2. **Frage:** Was besagt die Heisenbergsche Unschärferelation?
   - O a) Je genauer man den Ort einer Welle bestimmen kann, desto leichter ist die Zuordnung einer Wellenlänge.
   - O b) Je genauer man den Ort einer Welle bestimmen kann, desto schwieriger ist die Zuordnung einer Wellenlänge.
   - O c) Je genauer man den Impuls einer Welle bestimmen kann, desto schwieriger ist die Zuordnung eines genauen Ortes.
3. **Frage:** Welche Beobachtung machte Young bei seinem Experiment?
   - O a) Er sah einen kleinen Lichtpunkt.
   - O b) Das Licht konnte den Spalt nicht durchdringen.
   - O c) Das Licht erzeugte ein Interferenzmuster.
4. **Frage:** Wie nennt man es, wenn Teilchen eine Potenzialbarriere durchdringen?
   - O a) Tunneln
   - O b) Potenzialsprung
   - O c) Streuungsintensivierung
5. **Frage:** Welches Tier spielt in Schrödingers Gedankenexperiment eine zentrale Rolle?
   - O a) Hund
   - O b) Maus
   - O c) Katze

Antworten:

1. b) Gar nicht, es können nur Wahrscheinlichkeitsdichten angegeben werden

2. b) Je genauer man den Ort einer Welle bestimmen kann, desto schwieriger ist die Zuordnung einer Wellenlänge.

3. c) Das Licht erzeugte ein Interferenzmuster.

4. a) Tunneln

5. c) Katze

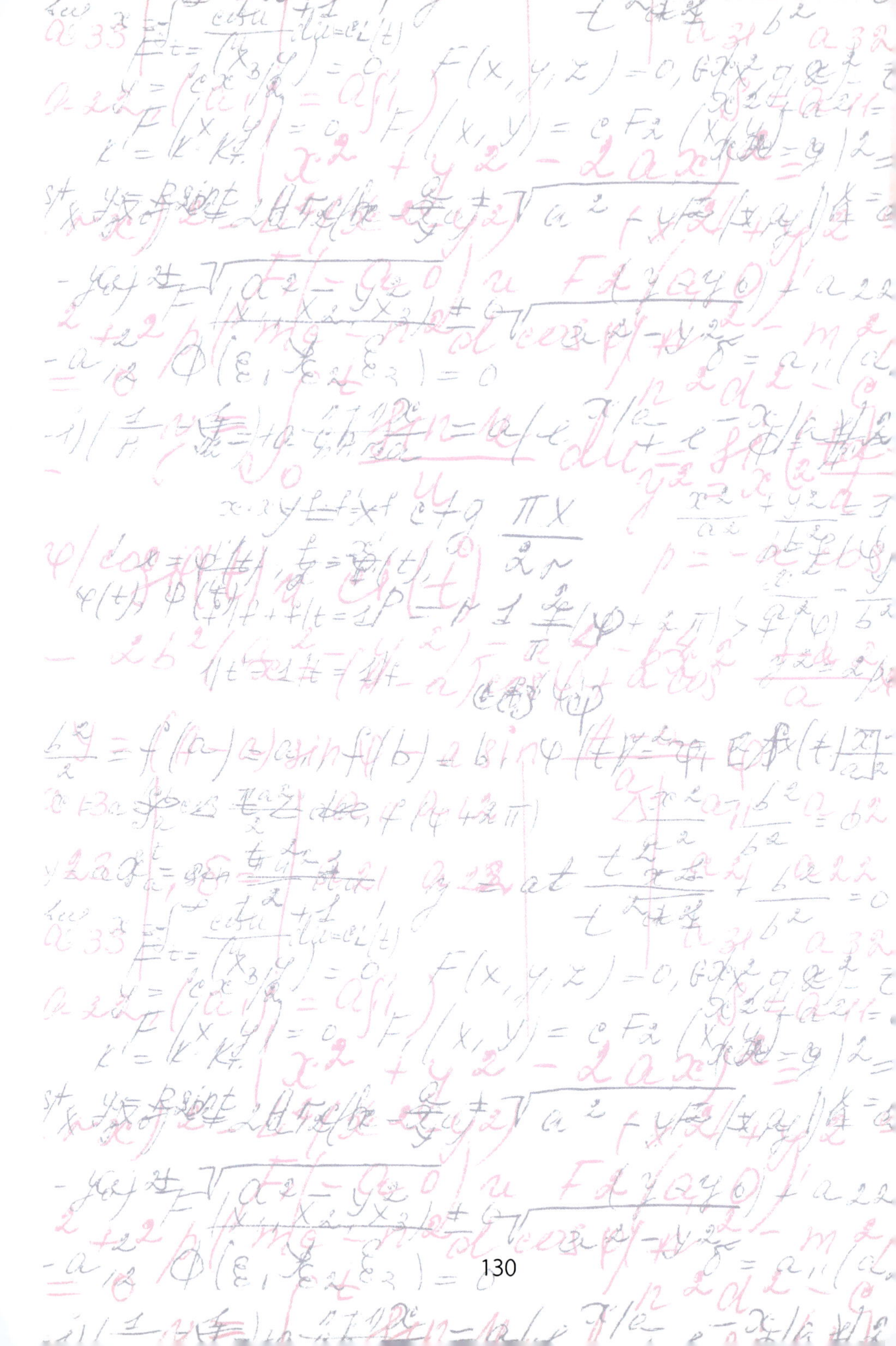

TEIL III: JETZT GEHT'S ANS EINGEMACHTE

Wow, Sie haben es bis hier her geschafft und durchgehalten? Glückwunsch, Sie sind bereits ein richtiger Kenner der Quantenmechanik.

In Teil III tauchen Sie nun tiefer in die verborgenen Schichten der Quantenphysik ein, wo die Regeln der klassischen Welt nun vollends ihre Macht verlieren und die Gesetze des Mikrokosmos das Sagen haben.

In diesem Abschnitt werden Sie sich also mit den anspruchsvolleren Konzepten und fortgeschrittenen Anwendungen der Quantenmechanik beschäftigen. Es ist die Etappe, in der die mathematischen Formeln und die philosophischen Rätsel der Quantenwelt zusammentreffen, um Ihnen eine tiefere Einsicht in die Natur der Realität zu gewähren.

Alles rund um Wahrscheinlichkeiten

Dass die Quantenmechanik mit der klassischen Physik wenig gemein hat, haben Sie bereits feststellen können. Bei der Behandlung physikalischer Systeme und deren Zustände kommt noch eine weitere Neuerung hinzu. In der Quantenmechanik sind keine eindeutigen Aussagen oder Voraussagen über Zustände physikalischer Systeme möglich, sodass hier Wahrscheinlichkeiten verschiedener Ereignisse eingeführt werden.

Feuert man beispielsweise mit einem Gewehr eine Kugel ab, so kann man dieser zu jedem Zeitpunkt eine Geschwindigkeit oder gar einen Ort zuordnen. Bei makroskopischen Systemen aus dem Alltag ist das also kein Problem, doch bei immer kleineren Systemen wird dies zunehmend schwieriger. So ist beispielsweise die Ermittlung des Aufenthaltsortes eines Elektrons unmöglich.

Besonders unsicher sind die Aussagen über zu erwartende Messergebnisse in Zustandsgemischen. Als Zustandsgemisch bezeichnet man ein System aus einer großen Anzahl gleichartiger Systeme, die nicht alle den gleichen Zustand haben. Stellen Sie sich vor, Sie haben eine große Kiste mit vielen identischen Würfeln. Jeder Würfel kann in einem von mehreren Zuständen sein – er kann zum Beispiel die Augenzahl 1, 2, 3, 4, 5 oder 6 zeigen. Das Ganze nennt man ein „Zustandsgemisch“, weil die Würfel in verschiedenen Zuständen sein können. Wenn Sie versuchen, den Zustand eines einzelnen Würfels genau vorherzusagen, wird es schwierig. Denn Sie wissen nicht genau, in welchem Zustand sich jeder einzelne Würfel befindet. Sie könnten alle unterschiedliche Zahlen zeigen. Ähnlich ist es in der Quantenmechanik. Ein Zustandsgemisch könnte zum Beispiel viele Elektronen in verschiedenen Energieniveaus haben. Aufgrund von Quantenunsicherheit können Sie daher nicht genau vorhersagen, in welchem Zustand jedes einzelne Elektron ist. Sie können nur Wahrscheinlichkeiten angeben. Daher sind die Aussagen über zu erwartende Messergebnisse in solchen Systemen unsicher.

Als Eigenzustand hingegen wird der Zustand eines Systems bezeichnet, in dem für eine bestimmte Messgröße das zu erwartende Ergebnis eindeutig festliegt. Das können z. B. folgende Eigenzustände sein:

- **Der Ortseigenzustand:** das Teilchen, welches an einem bestimmten Ort lokalisiert wurde

- **Der Impulseigenzustand:** das Teilchen mit einem bestimmten Impuls oder einer bestimmten Geschwindigkeit
- **Der Energieeigenzustand:** das Teilchen in einem gebundenen Zustand mit bestimmter Energie

Der Ortseigenzustand und der Impulseigenzustand sind in der Quantenmechanik nicht wirklich realisierbar. Dennoch spielen sie eine große Rolle in der theoretischen Beschreibung. Der Energieeigenzustand kann einen bestimmten Wert annehmen, während für die beiden anderen Werte nur Wahrscheinlichkeiten angegeben werden können.
Und die Darstellung des Zustands eines Systems kann nun auf zwei unterschiedliche Weisen erfolgen:

- Zustandsvektor in einem Vektorraum
- Materiewelle, die orts- und zeitabhängig ist

Stellen Sie sich nun vor, Sie haben eine magische Schachtel, die den Zustand eines Spielzeugs repräsentiert.

Methode 1: Zustandsvektor in einem Vektorraum

Denken Sie jetzt an einen Pfeil, der in verschiedene Richtungen zeigt. Jede Richtung repräsentiert einen möglichen Zustand des Spielzeugs. Zum Beispiel könnte der Pfeil nach oben zeigen, um zu deuten, dass das Spielzeug an der Oberfläche der Schachtel ist, oder nach unten, um anzuzeigen, dass es sich im Inneren befindet. Der Pfeil kann in verschiedene Richtungen zeigen, je nachdem, wo sich das Spielzeug in der Schachtel befindet. Dieser Pfeil ist wie ein „Zustandsvektor" und zeigt an, in welchem Zustand sich das Spielzeug befindet.

Methode 2: Materiewelle, die orts- und zeitabhängig ist

Stellen Sie sich nun vor, dass der Zustand des Spielzeugs wie eine unsichtbare Welle ist, die sich durch die Schachtel bewegt. Diese Welle ändert sich im Laufe der Zeit und des Ortes. Wenn das Spielzeug an die Oberfläche kommt, hat die Welle eine bestimmte Form, und wenn es im Inneren ist, ändert sich die Form wieder. Diese unsichtbare Welle ist wie die „Materiewelle" und repräsentiert den Zustand des Spielzeugs, abhängig von Ort und Zeit. Beide Darstellungen liefern das gleiche Ergebnis. Die Darstellung mittels einer Materiewelle geht auf Erwin Schrödinger zurück und gilt als leichter zu veranschaulichen. Werner Heisenberg und Paul Dirac entwickelten die Darstellung mittels Zustandsvektoren, welche eine übersichtlichere Darstellung in algebraischen Gleichungen liefert.

Zustandsvektoren

Die Eigenschaften eines quantenmechanischen Systems werden durch sogenannte Zustandsvektoren beschrieben. Diese repräsentieren den Zustand des Systems und enthalten alle bekannten Informationen über das System. Der Zustand kann über die Wellenfunktion ψ(t,r) oder als Vektor notiert werden.

Stellen Sie sich vor, Sie haben eine magische Kiste, die entweder einen grünen oder einen roten Ball enthält. Der Zustandsvektor dieses Systems könnte so aussehen:

$$\begin{bmatrix} 1 \\ 0 \end{bmatrix}$$

In diesem Vektor repräsentiert die erste Komponente den Zustand „grüner Ball" und die zweite Komponente den Zustand „roter Ball". Der Zustand „1" bedeutet, dass sich der grüne Ball im System befindet, während „0" bedeutet, dass sich der rote Ball nicht im System befindet.

Gleichzeitig könnten Sie dies auch als Wellenfunktion betrachten, die den Ort und die Zeit berücksichtigt. In diesem Fall könnte die Wellenfunktion so aussehen:

$$\psi(t, r) = 1 \cdot \text{grüner Ball} + 0 \cdot \text{roter Ball}$$

Das bedeutet, dass zur Zeit t und am Ort r die Wahrscheinlichkeit, den grünen Ball zu finden, gleich 1 ist, während die Wahrscheinlichkeit, den roten Ball zu finden, gleich 0 ist.

Egal, ob Sie sich für die Vektor- oder die Wellenfunktionsdarstellung entscheiden, beide repräsentieren den Zustand des Systems und enthalten alle Informationen darüber, welcher Ball sich in der magischen Kiste befindet. Hierfür hat sich die Schreibweise von Paul Dirac durchgesetzt |ψ›. Folgende Schreibweisen sind für die unterschiedlichen Eigenzustände üblich:

1. $|\vec{r}\rangle$ bezeichnet den Ortseigenzustand eines Teilchens,

2. $|\vec{p}\rangle$ oder $\psi_{\vec{p}}(t, \vec{r})$ den Impulseigenzustand,

3. $|E\rangle$ oder $\psi_E(t, \vec{r})$ den Energieeigenzustand.

Man bezeichnet die Schreibweise von Paul Dirac auch als Bra-Ket-Notation. Diese spielt auf die Spitze der Klammern an, mit der man oft das Skalarprodukt ‹v, w› von zwei Vektoren bezeichnet.

Exkurs Skalarprodukt

Das Skalarprodukt ist ein mathematischer Operator, der zwischen zwei Vektoren definiert ist und ein Skalar (eine reale Zahl) als Ergebnis liefert. Das Skalarprodukt zwischen zwei Vektoren A und B wird wie folgt dargestellt: ‹A, B›

Für 2 Vektoren $A = (A_1, A_2, \ldots, A_n)$ und $B = (B_1, B_2, \ldots, B_n)$ im n-dimensionalen Raum ist das Skalarprodukt definiert als:

$$\mathbf{A \times B = A_1B_1 + A_2B_2 + \ldots + A_nB_n}$$

Alternativ kann das Skalarprodukt auch mithilfe der Beträge der Vektoren und des Kosinus-Winkels ausgedrückt werden:

$$\mathbf{A \times B = |A| \times |B| \times \cos(\theta)}$$

Das Skalarprodukt ⍰A | B⍰ zwischen den Zustandsvektoren | A⍰ und | B⍰ gibt das innere Produkt der Zustandsvektoren an und liefert ein komplexes Skalar als Ergebnis. In diesem Kontext repräsentiert ⍰A | B⍰ die Wahrscheinlichkeitsamplitude für den Übergang vom Zustand | B⍰ zum Zustand | A⍰. Wenn das Skalarprodukt ⍰A | B⍰ nicht null ist, bedeutet dies, dass es eine Wahrscheinlichkeit für einen Übergang zwischen den Zuständen gibt.

Vorteil der Dirac-Notation ist, dass sie keine Koordinaten benötigt, das bedeutet, die Gleichungen lassen sich zunächst ganz allgemein aufstellen und passende Koordinaten für die Lösung des Problems können später eingefügt werden.

DER HILBERTRAUM

Benannt nach dem Mathematiker Davis Hilbert, ist der Hilbertraum eine mathematische Struktur, die in der Quantenmechanik benutzt wird, um Zustände mithilfe von Vektoren darzustellen. Der Hilbertraum hat folgende Eigenschaften:

- Es handelt sich um einen Vektorraum.
- Er besitzt ein Skalarprodukt.
- Er ist vollständig (Vollständigkeit).

In der Quantenmechanik benötigt man oft eine Zusatzanforderung, nämlich, dass der Hilbertraum **separabel** (Separabilität) ist. Das vereinfacht die mathematische Behandlung von Quantensystemen.

Der Vektorraum

Stellen Sie sich vor, Sie haben Pfeile in einem Raum. Diese Pfeile können in verschiedene Richtungen zeigen und verschiedene Längen haben. In einem Vektorraum können Sie Pfeile zusammenfügen (addieren) und ihre Länge ändern, indem Sie sie strecken oder verkürzen (skalieren). Das bedeutet, dass Sie einen Pfeil nehmen können und ihn in eine andere Richtung zeigen lassen oder größer oder kleiner machen können. In der Physik können Vektoren Geschwindigkeit, Kraft oder andere physikalische Größen darstellen. In der Quantenmechanik können Vektoren Zustände von Teilchen oder Wellenfunktionen darstellen. Sie können mit den Vektoren rechnen, sie transformieren und mathematische Operationen auf ihnen durchführen. Aber es gibt auch Regeln, die ein Vektorraum erfüllen muss, um als Vektorraum zu gelten, wie die Addition und Skalierung von Vektoren. In der Quantenmechanik wird der Hilbertraum als ein spezieller Vektorraum verwendet, um Zustände von Quantensystemen darzustellen. Hier ermöglicht der Hilbertraum, mathematische Operationen auf Zustände durchzuführen und ihre Eigenschaften zu untersuchen.

Das Skalarprodukt

Berechnet man mithilfe der Wellenfunktion Wahrscheinlichkeitsdichten für Teilchen, dann handelt es sich hierbei mathematisch um ein Skalarprodukt. In einem Hilbertraum wird das Skalarprodukt verwendet, um die „Ähnlichkeit" oder „Orthogonalität" zwischen den Zustandsvektoren zu beschreiben. Diese Zustandsvektoren repräsentieren zum Beispiel die Zustände von Quantenteilchen. Wenn das Skalarprodukt von zwei Zustandsvektoren null ist, dann sind sie orthogonal zueinander, was bedeutet, dass sie in gewisser Weise unabhängig voneinander sind. Wenn das Skalarprodukt nicht null ist, dann sind die Zustandsvektoren in gewisser Weise verbunden oder ähnlich.

Herleitung des Hilbertraums

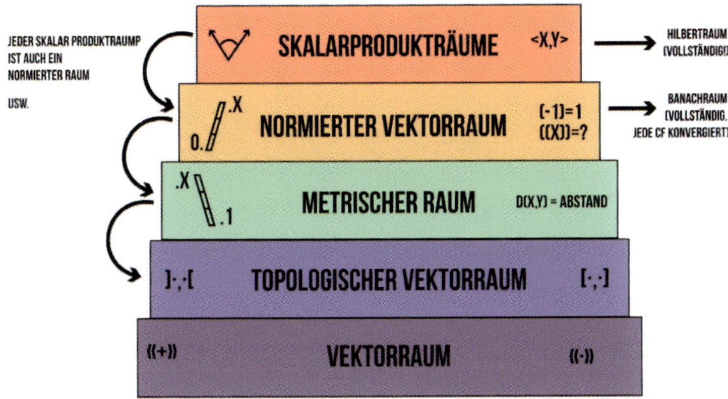

Starten wir nun mit einem Vektorraum an der Basis. Sie wissen, dass in einem Vektorraum eine Vektoraddition und eine skalare Multiplikation existieren. Auf einem solchen Vektorraum ist zusammen mit neutralen Elementen bereits eine leichte Struktur gegeben. Dennoch können Vektoren, auch wenn Sie sie bereits addieren können, völlig ungeordnet im Raum liegen. Der Vektorraum hat keine Struktur, wie sie beispielsweise aus dem dreidimensionalen Raum bekannt ist. Auch Längenbegriffe sind in einem Vektorraum nicht definiert.

Definieren Sie sich nun eine **Topologie** auf dem Vektorraum, sind Sie beim topologischen Vektorraum. Eine Topologie spezifiziert, was offene und abgeschlossene Mengen sind. In einem topologischen Vektorraum kann man also definieren, was offene oder abgeschlossene Intervalle sind. Eine Topologie ist im Grunde eine Art, die Ihnen sagt, welche Gruppen von Pfeilen zusammengehören und welche nicht. Zum Beispiel könnten alle Pfeile, die sich in einem bestimmten Abstand um einen zentralen

Pfeil herum befinden, als „offen“ betrachtet werden. Wenn Sie alle diese offenen Pfeilgruppen kombinieren, erhalten Sie Ihre Topologie. In einem topologischen Vektorraum können Sie dann festlegen, was genau „offene“ und „abgeschlossene“ Gruppen von Pfeilen bedeuten. Diese Definitionen sind wichtig, um zu verstehen, wie die Pfeile im Raum angeordnet sind und wie sie sich unter bestimmten Bedingungen verhalten.

Definieren Sie einen **Längenbegriff**, sind Sie beim metrischen Raum. Diesen Raum können Sie sich so vorstellen, dass Sie einen Vektorraum haben, welcher mit einem Maßband ausgestattet wurde. Dieses hilft nun dabei, den Abstand zwischen zwei Punkten im metrischen Raum zu bestimmen.

Eine weitere Steigerung zur Längendefinition ist es, den Abstand zwischen einem Punkt und dem Ursprung des Vektorraumes zu bestimmen. Das ist möglich in einem sogenannten **normierten Vektorraum**.

Möchte man zuletzt nun auch die Winkel zwischen zwei unterschiedlichen Vektoren bestimmen, so befindet man sich in den **Skalarprodukträumen**.

Eine wichtige Eigenschaft ist, dass man sich diese unterschiedlichen Räume als Pyramide vorstellen kann. Das bedeutet, die Eigenschaften der unterschiedlichen Räume ziehen sich immer weiter. Ein Skalarproduktraum ist also immer auch ein normierter Vektorraum, ein metrischer Vektorraum ist auch immer ein tropologischer Vektorraum etc.

Fügt man nun das Konzept der Vollständigkeit hinzu, nähern Sie sich sehr stark der genauen Beschreibung eines Hilbertraums. Schauen Sie sich hierzu einen normierten Vektorraum an. Ist ein normierter Vektorraum vollständig, so spricht man von einem Banachraum. Vollständig bedeutet in diesem Fall lückenlos, jeder Bereich des Raumes ist definiert. In einem normierten Vektorraum haben Sie sozusagen eine besondere Art von Raum, in dem Sie Pfeile platzieren können, aber jeder Pfeil hat eine Art „Größe“ oder „Länge“. Ein normierter Vektorraum ist also wie ein Raum voller Pfeile, aber jeder Pfeil hat eine spezielle Länge, die Sie verstehen können.

Wenn Sie nun das Konzept des Skalarproduktraums betrachten, handelt es sich ebenfalls um einen normierten Vektorraum, aber hier können Sie auch die „Winkel“ zwischen den Pfeilen messen. Wenn dieser Skalarproduktraum vollständig ist, wird er als Hilbertraum bezeichnet.

Arbeiten mit Operatoren

In der Quantenmechanik sind Operatoren mathematische Objekte, die physikalische Größen repräsentieren und auf Wellenfunktionen wirken. Sie sind Rechenvorschriften und spielen eine zentrale Rolle, da sie es ermöglichen, physikalische Observablen (Messgrößen) in der quantenmechanischen Theorie zu beschreiben.

Ein Beispiel:

$1 + 4 = 5$	Addition: Operator ist das +
$f'(x) = d/dx\, f(x)$	Ableitung: Operator ist d/dx
$\int f(x)dx$	Intergral: Operator ist das Integralzeichen

Man kann diese Operatoren aber auch anders schreiben, indem man für sie einen Buchstaben einführt. Das würde dann wie folgt aussehen:

$Df(x) = f'(x)$	Ableitungsoperator D
$If(x) = \int f(x)dx$	Integraloperator I

Beispiele für Operator in der Quantenmechanik

Der Ortsoperator

Der Operator für den Ort wird durch den Buchstaben „x" repräsentiert. Wenn dieser Operator auf eine Wellenfunktion Ψ(x) angewendet wird, erhält man eine neue Wellenfunktion, die die Wahrscheinlichkeitsamplitude für den Aufenthaltsort eines Teilchens darstellt. Der Ortsoperator ist ein Multiplikationsoperator, das heißt, die Wellenfunktion wird mit x multipliziert.

$$x\, \Psi(x)$$

Der Impulsoperator

Der Impulsoperator wird durch den Buchstaben „p" repräsentiert. Wenn dieser auf eine Wellenfunktion Ψ(p) angewendet wird, erhält man eine neue Wellenfunktion, die die Wahrscheinlichkeitsamplitude für den Impuls des Teilchens darstellt. Der Impulsoperator ist ein Ableitungsoperator, das heißt, die Wellenfunktion wird nach x abgeleitet und mit ħ/i multipliziert.

$$(\hbar/i)\, (d/dx)\, \Psi(x)$$

Der Hamilton-Operator

Der Hamilton-Operator beschreibt die Energie eines Teilchens. Er besteht aus zwei unterschiedlichen Teilen. Der erste Teil, nämlich die zweite Ableitung der Wellenfunktion nach x, beschreibt die **kinetische** Energie. Der zweite Teil des Hamilton-Operators beschreibt die **potenzielle** Energie V, die vom Ort x abhängt. Er ist also eine Kombination aus einem Ableitungs- und einem Multiplikationsoperator.

Wenn der Hamilton-Operator auf die Wellenfunktion angewendet wird, gibt er die **Energiezustände** des Systems an.

$$[(-\hbar 2/2m)\ (d2/dx2) + V(x)]\ \psi(x)$$

Spinoperator

Der Spinoperator repräsentiert den **Eigendrehimpuls** eines Teilchens. Er ist wichtig für Teilchen wie Elektronen und Quarks.

Operatoren sind entscheidend für die Formulierung und Lösung quantenmechanischer Gleichungen. Sie ermöglichen es, quantenmechanische Vorhersagen über physikalische Systeme zu machen.

Testen Sie nun Ihr Wissen!

1. **Frage:** Welche Eigenzustände gibt es?

   O a) Ortseigenzustand, Impulseigenzustand und Energieeigenzustand

   O b) Gravitationseigenzustand, Geschwindigkeitseigenzustand und Eigenmassezustand

   O c) Eigenmassezustand, Impulseigenzustand und Welleneigenzustand

2. **Frage:** Wie nennt sich der Raum, in dem quantenmechanische Zustände dargestellt werden?

   O a) Metrischer Raum

   O b) Skalarproduktraum

   O c) Hilbertraum

3. **Frage:** Was sind Operatoren?

   O a) experimentelle Geräte, die eine spezielle Art von Licht erzeugen

   O b) Konstanten, die zur Berechnung von Eigenwertfunktionen genutzt werden können

   O c) mathematische Objekte, die physikalische Größen repräsentieren und auf Wellenfunktionen wirken

4. **Frage:** Wie kann der Zustand eines Systems notiert werden?

   O a) über die Wellenfunktion oder als Vektor

   O b) über Operatoren

   O c) Der Zustand eines Systems kann nicht notiert werden, da er unscharf ist.

5. **Frage:** Wobei handelt es sich um einen wichtigen Operator in der Quantenmechanik?

   O a) Dirac-Operator

   O b) Hamilton-Operator

   O c) Planck-Operator

Antworten:

1. a) Ortseigenzustand, Impulseigenzustand und Energieeigenzustand

2. c) Hilbertraum

3. c) mathematische Objekte, die physikalische Größen repräsentieren und auf Wellenfunktionen wirken

4. a) über die Wellenfunktion oder als Vektor

5. b) Hamilton-Operator

Der Harmonische Oszillator

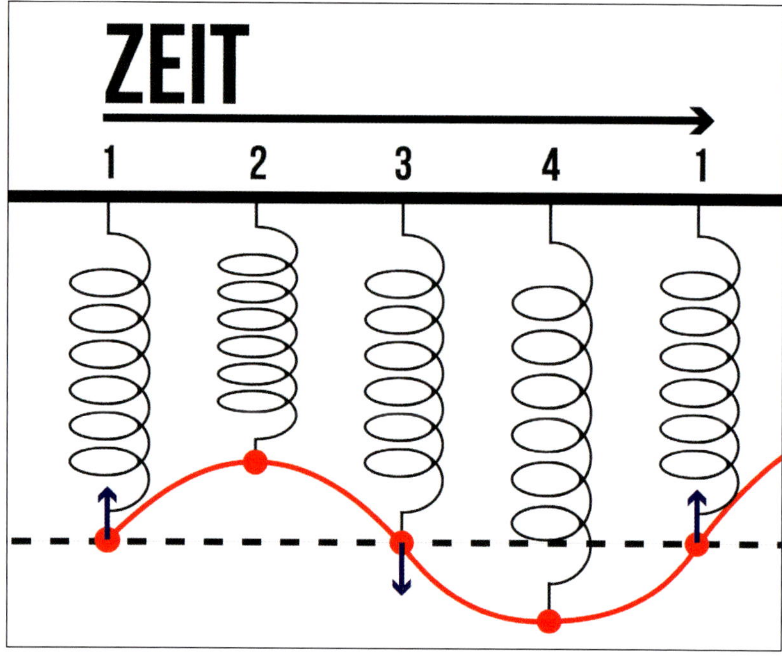

Der harmonische Oszillator ist ein physikalisches Modell, das eine schwingende Bewegung beschreibt, bei der die rücktreibende Kraft proportional zur Auslenkung ist. Typischerweise wird dies durch das Hakensche Gesetz ausgedrückt, das besagt, dass die rücktreibende Kraft direkt proportional zur Auslenkung und der Auslenkung entgegengesetzt ist. Stellen Sie sich eine Schaukel vor. Wenn Sie die Schaukel zurückziehen und loslassen, schwingt sie vor und zurück, immer wieder. Der Prozess, wie die Schaukel zwischen einer Seite und der anderen hin- und herschwingt, ist ein Beispiel für einen harmonischen Oszillator. In der Physik gibt es viele Dinge, die sich wie eine Schaukel verhalten, bei denen etwas ständig zwischen zwei Zuständen hin und her wechselt. Ein harmonischer Oszillator ist im Grunde wie eine mathematische Beschreibung dieser Schaukelbewegung. Der harmonische Oszillator ist allgemein ein Modell für Systeme, bei dem eine Masse an einer Feder befestigt ist. Es wird angenommen, dass die Feder eine lineare Kraft ausübt, die proportional zur Auslenkung der Masse ist, das bedeutet zum Beispiel, je stärker Sie die Schaukel anschubsen, desto weiter wird sie schwingen.

Der harmonische Oszillator findet breite Anwendung in verschiedenen Disziplinen der Physik, von der klassischen Mechanik bis zur Quantenmechanik. In der Quantenmechanik hat er auch eine spezielle Rolle, insbesondere bei der Beschreibung von Quantenfeldern und oszillierenden Systemen (zum Beispiel ein Pendel oder eine Feder, die jeweils an einem festen Punkt aufgehängt sind). Es ist eines der wenigen geschlossen lösbaren Systeme in der Quantenmechanik.

Die Schrödinger-Gleichung für den harmonischen Oszillator

Die Schrödinger-Gleichung für den harmonischen Oszillator sagt Ihnen, wie sich die Wahrscheinlichkeitsamplitude eines Teilchens ändert, das in einem Federsystem eingesperrt ist und sich hin- und herbewegen kann. Die Gleichung berücksichtigt die Eigenschaften des Federsystems und die Energie des Teilchens. Sie ermöglicht es, Vorhersagen darüber zu treffen, wo das Teilchen wahrscheinlich gefunden wird und wie seine Energie verteilt ist. Mathematisch kann der harmonische Oszillator wie folgt beschrieben werden:

$$V(\vec{x}) = \frac{1}{2}k\vec{x}^2$$

Diese Gleichung beschreibt den Zustand eines Teilchens im harmonischen Potenzial. Es handelt sich um die Hamilton-Funktion. K ist dabei gleich mw^2, wobei m die Masse des Teilchens und w die Eigenfrequenz des harmonischen Oszillators ist. Daraus ergibt sich die folgende Gleichung:

Hier wird die Gesamtenergie des Systems beschrieben, also sowohl kinetische als auch potenzielle Energie des Teilchens berücksichtigt. Nun werden die beiden Vektoren für Ort und Impuls durch entsprechende Operatoren ersetzt:

Ortsoperator: $\vec{x} \longrightarrow \hat{\vec{x}} = \vec{x}$ und

Impulsoperator: $\vec{p} \longrightarrow \hat{\vec{p}} = -i\hbar\vec{\nabla}$

Das Delta-Zeichen stellt hier den Nabla-Operator dar. Der Nabla-Operator ist ein wichtiger Begriff in der Vektoranalysis und wird oft in der Physik und Mathematik verwendet. Er wird durch das Symbol ? dargestellt und repräsentiert einen Vektoroperator, der auf skalare oder vektorielle Funktionen angewendet werden kann. Der Nabla-Operator hat verschiedene Formen, die je nach Anwendung unterschiedliche Bedeutungen haben.

Damit wird nun die Hamilton-Funktion in den Hamilton-Operator in Ortsdarstellung umgewandelt:

$$\hat{H} = \frac{\hat{\vec{p}}^2}{2m} + \frac{m\omega^2\hat{\vec{x}}^2}{2} = -\frac{\hbar^2}{2m}\vec{\nabla}^2 + \frac{m\omega^2\vec{x}^2}{2}$$

Mit diesem Hamilton-Operator erhält man nun die Eigenwertgleichung, also die stationäre Schrödinger-Gleichung des harmonischen Oszillators

$$H = \frac{\vec{p}^2}{2m} + \frac{m\omega^2\vec{x}^2}{2}$$

in der Ortsdarstellung:

$$-\frac{\hbar^2}{2m}\vec{\nabla}^2\psi_n(\vec{x}) + \frac{1}{2}m\omega^2\vec{x}^2\psi_n(\vec{x}) = E_n\psi_n(\vec{x})$$

Der Drehimpuls auf Quantenniveau

In der Quantenmechanik wird der Drehimpuls in den Bahndrehimpuls und den Spin untergliedert. Der Bahndrehimpuls ist wie die Bewegung des Elektrons um den Atomkern herum. Es ist, als ob das Elektron in einer Art Umlaufbahn ist, ähnlich wie ein Planet um die Sonne. Der Bahndrehimpuls hängt davon ab, wie schnell das Elektron sich um den Kern bewegt und wie weit es von ihm entfernt ist.

Der Spin ist, wie Sie wissen, eine andere Art von Drehimpuls, die Elektronen haben. Es ist, als ob das Elektron sich um sich selbst dreht, wie ein winziger Kreisel. Der Spin ist eine intrinsische Eigenschaft des Elektrons und ist immer da, egal, ob es sich bewegt oder nicht.

Der Drehimpuls ist daher eine vektorielle Größe, trägt also eine Richtung und einen Betrag. Unterschied zur klassischen Physik ist, dass der Drehimpuls in der Quantenmechanik eine Rotationssymmetrie, genauer gesagt seine Wellenfunktion, anstelle einer Bewegung beschreibt.

Hat ein Teilchen keinen Drehimpuls, sieht das Teilchen aus jeder Richtung gleich aus, es ist sozusagen egal, ob Sie es von oben, von unten oder von der Seite aus ansehen – und somit ist die Wellenfunktion auch in alle Richtungen gleich. Hat ein Teilchen die Drehimpulsquantenzahl 1, so hat seine Wellenfunktion die Symmetrie eines Pfeils. Sie können sich das so vorstellen: Dreht man die Wellenfunktion in senkrechte Richtung zu dem Pfeil, so sieht sie erst nach einer Drehung von 360° wieder gleich aus. Tun wir das Gleiche in Pfeilrichtung, ist kein Unterschied im Aussehen festzustellen. Hat die Wellenfunktion eines Teilchens die Drehimpulsquantenzahl 2, so kann man sich ihre Symmetrie als Doppelpfeil vorstellen. Gleiches Prinzip hier: Wir drehen die Wellenfunktion senkrecht zur Pfeilrichtung, dann sieht sie nach einer Drehung von 180° wieder gleich aus. Erhöht man nun die Drehquantenzahl weiter, so verkleinert sich dieser Winkel stetig.

Man unterscheidet zudem neben Spin und Bahndrehimpuls den Gesamtdrehimpuls. Dieser ist die vektorielle Summe des Bahndrehimpulses und des Spins eines Teilchens. In der Quantenmechanik wird der Gesamtdrehimpuls oft als J dargestellt. Für ein einzelnes Teilchen im Atom beträgt der Gesamtdrehimpuls $J = L+S$, wobei L der Bahndrehimpuls und S der Spin ist.

Testen Sie nun Ihr Wissen!

1. **Frage:** Was beschreibt der harmonische Oszillator?
   - O a) eine schwingende Bewegung, bei der die rücktreibende Kraft proportional zur Auslenkung ist
   - O b) eine schwingende Bewegung, bei der die rücktreibende Kraft nicht existiert
   - O c) eine schwingende Bewegung, bei der die Feder sehr dehnbar ist
2. **Frage:** Woraus besteht die Gesamtenergie eines Systems?
   - O a) aus potenzieller und Beschleunigungsenergie
   - O b) aus potenzieller und kinetischer Energie
   - O c) aus Beschleunigungs- und Impulsenergie
3. **Frage:** Aus welchen zwei Impulsen besteht der Gesamtdrehimpuls?
   - O a) Ortsimpuls und Spin
   - O b) Spin und Bahndrehimpuls
   - O c) Bahnspinimpuls und Ortsimpuls
4. **Frage:** Was ist der Unterschied zwischen Bahndrehimpuls und Spin?
   - O a) Der Bahndrehimpuls eines Teilchens ist unveränderbar, während der Spin eines Teilchens sich verändern kann.
   - O b) Der Bahndrehimpuls eines Teilchens kann sich ändern, während der Spin eines Teilchens immer gleich bleibt.
   - O c) Der Bahndrehimpuls eines Teilchens wird geringer, während der Spin eines Teilchens immer höher wird bei Erhöhung der Temperatur.

Antworten:

1. a) eine schwingende Bewegung, bei der die rücktreibende Kraft proportional zur Auslenkung ist
2. b) aus potenzieller und kinetischer Energie
3. b) Spin und Bahndrehimpuls
4. b) Der Bahndrehimpuls eines Teilchens kann sich ändern, während der Spin eines Teilchens immer gleich bleibt.

IM QUANTUMENIA?

Schon zu Beginn unserer Reise haben Sie festgestellt, dass Ihre gewohnten Vorstellungen von Raum, Zeit und Realität in der Quantenmechanik auf den Kopf gestellt werden. Teilchen können gleichzeitig an zwei Orten sein, Wellenfunktionen überlagern sich und die Zukunft scheint durch Wahrscheinlichkeiten skizziert zu werden. Es ist, als ob die Quantenmechanik eine Welt ist, in der die Realität nicht in Stein gemeißelt ist, sondern in einem Zustand der Wahrscheinlichkeit existiert.

Auf Ihrer Reise durch die Quantenwelt haben Sie die Herausforderungen und Mysterien, aber auch die Schönheit und Eleganz dieses faszinierenden Zweigs der Physik erlebt. Sie sind einen Schritt in die Richtung gegangen, die Komplexität der Quantenmechanik zu entwirren, ihre Geheimnisse zu enthüllen und ihre Tiefen zu erkunden – doch seien Sie sich bewusst, dass Sie auf dieser Reise nur einen Blick auf die Oberfläche der unendlichen Tiefen der Quantenmechanik geworfen haben.

Die Quantenmechanik wird weiterhin Forscher inspirieren, Philosophen herausfordern und die Grenzen unseres Verständnisses erweitern. Diese Wissenschaft ist nicht nur ein Fenster in die tiefen Abgründe der Natur, sondern auch ein Spiegel, der Sie dazu auffordert, Ihre grundlegendsten Überzeugungen über die Realität zu überdenken. In der Welt der Quantenmechanik bleibt noch viel zu entdecken und die Fragen, die Sie sich stellen, sind oft genauso wichtig wie die Antworten.

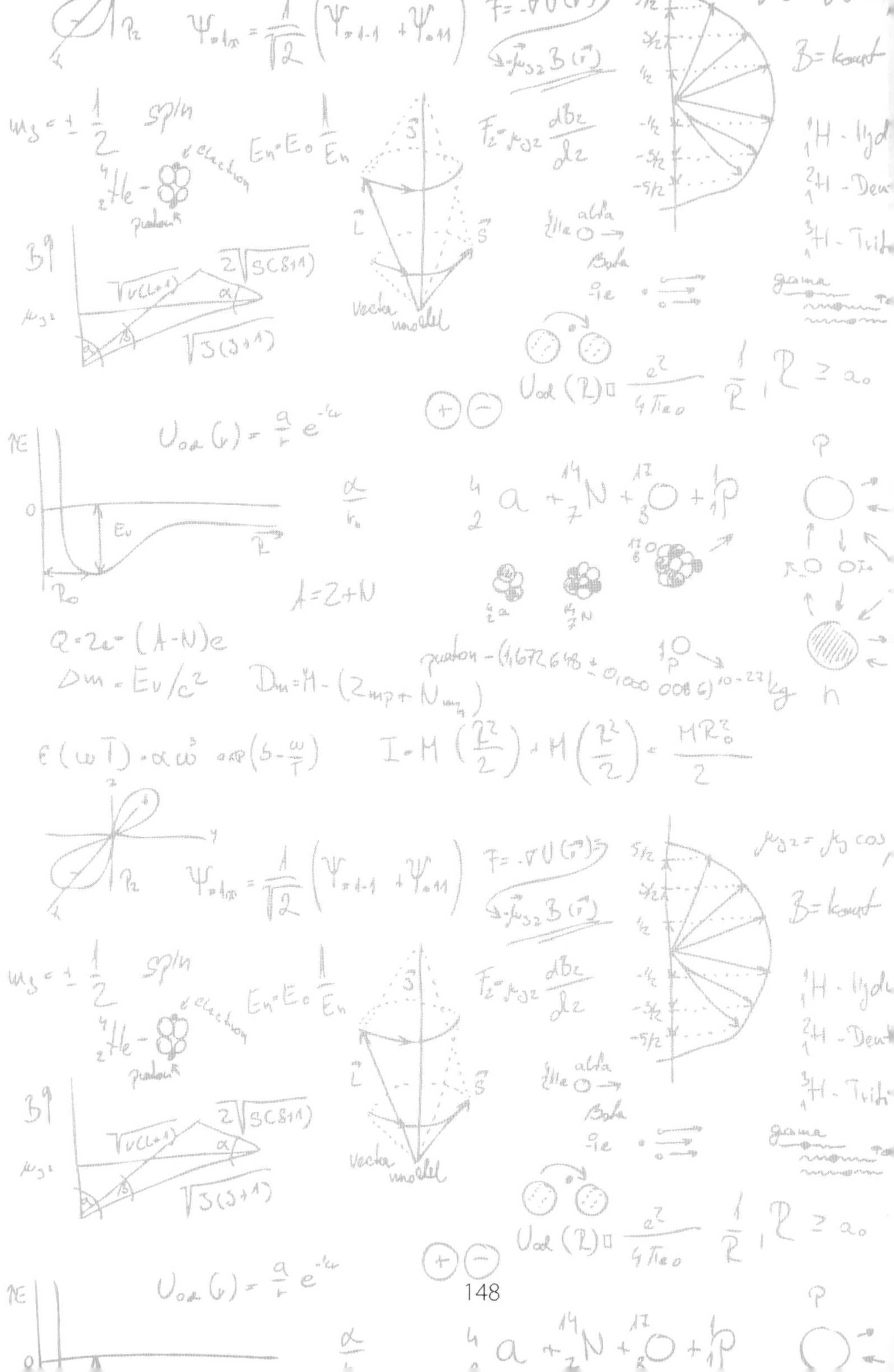
spin
A=Z+N

QUELLENVERZEICHNIS UND WEITERFÜHRENDE LITERATUR

- Blinder, S. M. (2011). Quantenmechanik für Einsteiger: Mit Anwendungen in Technik und Physik. Springer Spektrum.
- Cox, B., & Forshaw, J. (2012). The Quantum Universe: (And Why Anything That Can Happen, Does). Da Capo Press.
- Demtröder, W. (2017). Experimentalphysik 3: Atome, Moleküle und Festkörper. Springer Spektrum.
- Feynman, R. P. (2010). Quantum Mechanics and Path Integrals. Dover Publications.
- Gasiorowicz, S. (2016). Quantenphysik. De Gruyter Studium.
- Haken, H., & Wolf, H. C. (2007). Atom- und Quantenphysik: Einführung in die experimentellen und theoretischen Grundlagen. Springer.
- Holzner, S. (2013). Quantum Physics for Dummies. Wiley.
- Merzbacher, E. (2006). Quantenmechanik: Ein Lehrbuch über Atome, Moleküle und Festkörper. Vieweg+Teubner Verlag.
- Nielsen, M. A., & Chuang, I. L. (2010). Quantum Computation and Quantum Information. Cambridge University Press.
- Shankar, R. (1994). Principles of Quantum Mechanics. Springer.
- Zettili, N. (2009). Quantum Mechanics: Concepts and Applications. Wiley.